1冊で学ぶ
材料 加工 図面の初歩

西村仁 著

日経BP

はじめに

■ 本書の狙い

本書は日経BPの専門情報誌『日経ものづくり』に2019年4月号から2022年2月号まで連載された「ものづくり基礎再入門」を1冊の本にまとめるに際して、構成の変更なども含めて大幅に加筆修正したものです。ただし連載の狙いと本書の狙いはピッタリ合っており、モノづくりのベースとなる基礎知識をお伝えすることです。

業種を問わずモノづくりでは、どの材料を使い、狙いの形をどの加工法でつくりあげるのか、またこれらのモノづくり情報をいかに前工程から後工程に正確かつスムーズに流すのかがポイントになります。

それを理解するための基礎知識が「材料知識」「加工知識」「図面知識」の3つになります。これは開発部門だけに必要な知識ではありません。品質管理部門であれば、図面の情報どおりに過不足なくつくるしくみづくりが使命であり、資材購買部門も図面を読んで適切な加工先に依頼を出さなければなりません。

営業担当者も顧客の求めに対して、どのように応えていくのかを考えるうえで、上記の3つの知識がとても強力な武器になります。

本書はこれら基礎知識として「知っておくべきこと」をまとめたテキストです。

■ 本書を読んでいただきたい方々

部門を問わず広くモノづくりに携わる方を対象に執筆しました。

[1] いままで基礎知識を学ぶ機会のなかった方々

[2] 学生時代に学んだことがあるが、もう一度知識を整理したい方々

[3] 新入社員や若手社員の教育教材として活用したい方々

読者には文系出身の方も多くおられると思いますので、専門用語はできるかぎり避けて、経験や事前知識がなくても理解しやすいように図表をまじえて紹介します。また基礎知識として「知らなくても支障のないもの」は思い切って省略、もしくは参考レベルとしての紹介に留めています。

■ 本書の構成

先に紹介した三大基礎知識として「材料編」「加工編」「図面編」の3部構成にしています（**図0.1**）。

「材料編」では、多くの種類がある中で、開発設計者には材料選定の知識を、モノづくり現場の担当者には、設計者や顧客が何を必要としてこの材料を選んだのかを理解できるようにまとめています。

「加工編」では、材料と同様に多くの種類がある中で、その特徴とともに弱点も紹介し、最適な加工法を選択できる知識の習得を狙っています。

「図面編」では、図面を受け取る読み手にとっての「図面の読み方」を中心に解説しますが、描き手にとっても大切なポイントは事例を用いながら紹介します。

■ 本書の読み方

どの章からでも読めるように構成していますが、はじめて学ばれる方は第1章の材料編から加工編、図面編へと順に読み進めてください。

各編の冒頭で「全体像」（第1章・第5章・第9章）を紹介することにより、大局をつかんでから細部を理解できるように工夫しました。

もし読んでいて理解が難しい箇所があっても立ち止まらずに、ざっと最後まで目を通してください。一度立ち止まってしまうと次のページを開かなくなるのがもったいないからです。そのうえで疑問点は先輩や上司の方にアドバイスをもらってください。

本書がモノづくりのお役に立てることを願っています。

材料編	第 1 章	材料の全体像
	第 2 章	材料の性質の読み方
	第 3 章	鉄鋼材料
	第 4 章	非鉄金属材料と非金属材料
加工編	第 5 章	加工の全体像
	第 6 章	削って形をつくる切削加工
	第 7 章	型を使う成形加工と接合加工
	第 8 章	特殊加工と熱処理と表面処理
図面編	第 9 章	図面の全体像
	第10章	形をあらわす図法
	第11章	形をイメージしてみよう
	第12章	情報の読み方

図0.1　本書の構成

補足事項

▶JISの名称について

JISは2019年に「日本工業規格」から「日本産業規格」に改称されました。一般には「JIS」と「JIS規格」の2通りの呼び方がありますが、本書では、JISのJapanese Industrial Standardsに規格の意味を含むことから「JIS」の名称に統一しました。

▶図と表の扱いについて

本書では理解を深めていただくために、図と表を多く用いています。本来は図と表は別のものですが、章ごとの通し番号にするために「図」に統一して番号表記しています。

▶図面の現JISと旧JISの扱いについて

図面はJISの製図規格に基づくことが基本になっています。その一方、JISの改正がおこなわれると、これまで作成した図面は旧JIS扱いになることや、新JISの内容があらゆる読み手に周知徹底されるまでは、図面運用に弊害をもたらすことから、改正後も旧JISを継続して使用する企業もあるのが実情です。

そこで本書の図面編では、現JISといまも日常的に使われている旧JISを紹介することと、旧JISのほうが主流で使われている規格については現JISを参考紹介する方針で解説します。

目次

材料編

第1章

材料の全体像

1.1
材料知識を習得するコツ

材料知識の難しさ

材料知識の習得は、文系出身者だけでなく技術者にとっても、手ごわいと思います。そこではじめに、なぜ材料知識の習得が難しいのか、どうすれば効率よく学べるのかについてお伝えします。

材料を学習するうえでの難しさの原因をあげてみましょう。

[1] 材料の種類が非常に多いこと

[2] 見ただけでは種類がわからないこと

[3] 結晶構造といった難解な金属学が入ってくること

[4] JIS（日本産業規格）の一部に実務とのズレがあること

なぜ種類が多いのか

材料は、なぜこれほど種類が多いのでしょうか。大昔は石や木、土といった身近な自然環境にあるものをそのまま材料として使っていました。やがて土を焼き、陶器やレンガなどの丈夫な素材を生み出すようになります。さらに石から鉄を生み出すといった発見があり、アルミニウムやチタンといった金属も取り出せるようになりました。これだけなら、まだそれほど多くの種類にはなりません。材料の種類を飛躍的に増やしたのは合金です。

金属は成分が一種類では強さや硬さが低いので、ほとんど実用には向きません。やがて人類は、ほかの成分を溶かし込めば性質を向上できることを見つけました。たとえば鉄には、炭素を加えれば強さや硬さを増すことができます。この炭素のほかに、クロムやニッケル、マンガンといった成分を加えると、さらに硬い性質や耐熱性などの向上を狙うことが可能になります。

アルミニウムも同じように、銅やマグネシウムなどを加えることにより性質をコントロールできるようになりました。

このように加える成分の種類が増えたことと、加える量の大小により性質を変えられることから、材料の種類は天文学的といえるほどの多さになります。しかし、これでは材料のつくり手も使い手も、双方が困ってしまいます。

3つの制約で種類を絞り込む

そこで3つの制約により種類を絞り込んでいます（**図1.1**）。

1つめの制約はJISによって、加える成分と量を規定しています。それでもJISハンドブックを見ると、種類の記述が数千ページにも及びます。

そこで2つめの制約として、デファクトスタンダード（業界標準）があります。市場においてユーザーが特定の種類を集中的に採用することで、絞り込みにつながります。たとえば鉄鋼材料で汎用的に用いられているSS材（一般構造用圧延鋼材）は、JISでは4品種の規定がありますが、実務で使用するのは、ほぼ「SS400」の1品種に限られています。

このようにデファクトスタンダードは、公的なルールではなく市場の原理で絞り込まれた業界標準になります。この標準化により、製鉄メーカーは量産効

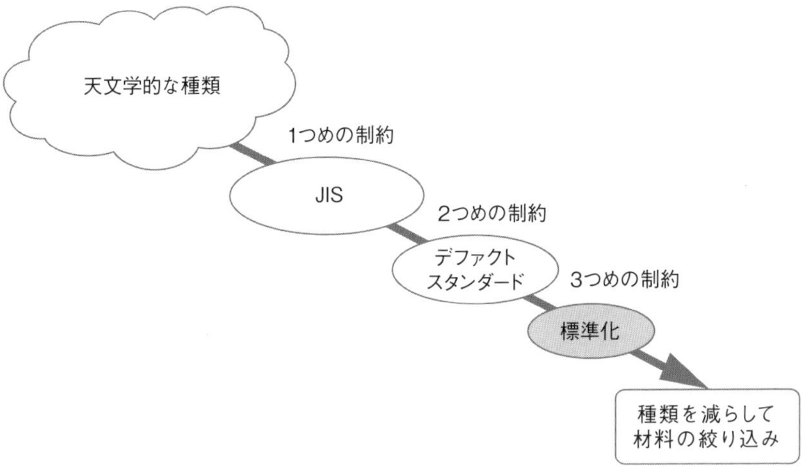

図1.1　3つの制約で絞り込み

果で製造コストを下げられ、それにともない市販性も向上して売価も下がることから、ユーザーにとっても大きなメリットになります。

3つめの制約は自社での標準化です。自社独自で用途ごとに使用する材料を決めておきます。選定基準のルール化によって、種類をさらに絞り込むのが狙いです。自社における標準化のメリットは、

[1] 材料選定の検討時間を大幅に短縮（設計部門での効果）

[2] 材料の発注作業を簡素化（資材購買部門での効果）

[3] 材料の在庫量削減（製造部門での効果）

このように、標準化はとても効果的な手段になります。

見ただけではわからない

材料は目で見ても種類の判別が難しいことも、材料知識の習得を妨げる原因のひとつになっています。たとえば本書でも紹介する加工や図面の読み方といった知識は、実物や写真、イラスト、動画などを見て理解を深めることができます。

しかし材料は、鉄鋼材料かアルミニウム合金か銅合金といった違いであれば、光沢や持ったときの重さでわかります。でもわかるのはこの大分類のレベルまでです。鉄鋼材料の品種の違いやアルミ材料のこまかい品種になると、熟練者であっても見分けることは困難です。ましてや表面処理をした材料では、素地を見ることすらできません。このように目で見ても判別できない点で、材料の扱いには知識や経験では越えられない難しさがあります。

結晶構造には踏み込まない

知識を習得する際に「なぜ」の視点は理解を深めるうえで大切なことです。プラスチック製品は「なぜ」大量生産に適しているのか、図面には「なぜ」表面粗さの指示が必要なのか、といった「なぜ」は学習するうえで大切なポイントです。これは材料知識も同じなのですが、材料知識の「なぜ」はすべて結晶構造といった金属学や有機化学の分野にたどり着くため、難易度が一気に上が

ります。そのため材料の基礎知識を学ぶうえでは、結晶構造には触れる必要はありません。

たとえばアルミ合金は鉄の3分の1の軽さです。なぜ3分の1なのかを理解するには、体心立方格子や面心立方格子といった結晶構造の知識が必要になります。材料の開発者には必須の知識ですが、材料を使うユーザーには必要ありません。「アルミ合金は3分の1の軽さ」までの知識で十分です。

これはクルマを運転する際に、交通法規とアクセルとブレーキの操作方法を知っていれば十分で、エンジンで動く原理は知らなくても問題ないのと同じです。このように材料の基礎知識は「知っておくべきこと」と「知らなくても不都合はないこと」のメリハリをつけることが習得のコツです。

JISに引きずられない

JISは産業全般の標準として大きく貢献をしています。しかし材料に関するJISの一部に、実務とのズレを感じる点があります。

ひとつは材料の名称です。名称には和名とJIS記号の2つが規定されており、和名には材料の用途が具体的に明示されている種類があります。

たとえば「炭素工具鋼」や「高速度工具鋼」「高炭素クロム軸受鋼」などです。ここには「工具」や「軸受」といった用途が記されているので、それ専用の材料と思いがちです。しかし用途を限定する必要はまったくなく、材料の特徴である硬さや耐摩耗性を活かし広く用いています。

なお炭素工具鋼は耐熱性がないので、実際には工具には使われません。このように材料名称にとらわれず、その性質を理解することが大事です。

またJISにおける鉄鋼材料の「普通鋼」と「特殊鋼」の分類もわかりにくい区分です。鉄鋼材料のなかで熱処理が必要な種類を特殊鋼に分類していますが、実務では熱処理せずに用いる特殊鋼もあるので、本書では理解しやすい「炭素鋼」と「合金鋼」の分類で解説します。

1.2
材料の全体像をつかむ

材料の大分類

では材料の全体像をつかむことからスタートしましょう。材料は大きく「金属材料」と金属以外の「非金属材料」に分かれます（**図1.2**）。鉄やアルミニウム、銅などが「金属材料」、プラスチックやセラミックスなどが「非金属材料」になります。

また形状記憶合金や超電導材のように特別な機能をもたせた材料や、炭素繊維とプラスチックを組み合わせた炭素繊維強化プラスチック（CFRP）や、鉄とコンクリートを組み合わせた鉄筋コンクリートといった2種類以上の異なる材料を用いた複合材があります（本書ではこれらを「特殊材料」と表記）。

この特殊材料の性質は、金属材料と非金属材料の知識を習得すれば理解できるので、本書では解説を割愛します。

各材料にはそれぞれ特徴がある一方、弱点もあるため、使用する用途に合わせた選定が必要になります。

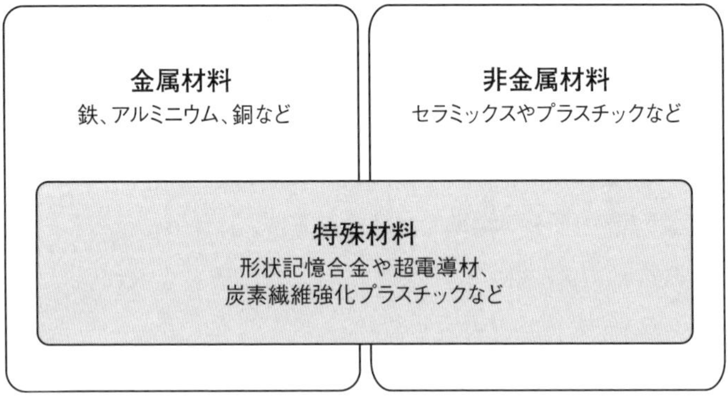

図1.2　材料の大分類

大分類の特徴

材料の性質の読み方は第2章で紹介しますが、ここでは大局をつかむために、主な材料の特徴を**図1.3**にまとめました。

それぞれの特徴をひと言でいえば、金属材料では「鉄は強さ」「アルミニウムは軽さ」「銅は電気と熱の伝わりやすさ」になります。

また非金属材料では「プラスチックは軽さとつくりやすさ」「セラミックスは硬さとさびないこと」が特徴です。プラスチックは軽いうえに、着色も透明にすることが可能で、加工も容易です。セラミックスは陶器の茶わんといった焼きものがイメージしやすいと思います。

	金属材料			非金属材料	
	鉄	アルミニウム	銅	プラスチック	セラミックス
重さ	△	◎	△	◎	○
強さ	◎	○	○	×	○
電気伝導性	△	○	◎	×	×
熱伝導性	△	○	◎	×	×
価格	◎	○	△	○	△
主な特徴	強さ	軽さ	電気と熱の伝わりやすさ	軽さとつくりやすさ	硬くてさびない

◎非常に優れている　○優れている　△普通　×劣る(実用的でない)

図1.3　主な材料の特徴

材料を選定する3つのポイント

材料を選定するためのポイントを確認しておきましょう。当然ながら強さや軽さといった必要とする性質をもっていることと、価格が安いことです。ビジネスの基本は「安くつくって・高く売る」なので、安くつくるためには、材料費が安いだけでなく、加工のしやすさも大切です。

材料費が安くても、加工が難しければ加工時間が長くなり、労務費や工作機械の使用コストである減価償却費も高くなってしまうからです。

また市販品として板や棒といったさまざまな形状とサイズが揃っていることも選定のうえで大切な要素になります。設計する際に部品の外形寸法を、材料の市販寸法（幅や厚みや直径など）に合わせられれば、加工をしなくてもよいからです。加工が減れば、コストが下がると同時に加工時間も短縮できて、一石二鳥のメリットがあります。

選定の最後のポイントは入手のしやすさで、「納期が短いこと」と「同じ材料を2社以上から購入できること」です。納期が短いほど、保管しておく材料在庫を減らせます。また2社以上から買えるのであれば、相見積もりにより優位な価格交渉ができるうえに、もし1社からの購入が難しくなっても、もう1社から購入することで欠品を回避できます（**図1.4**）

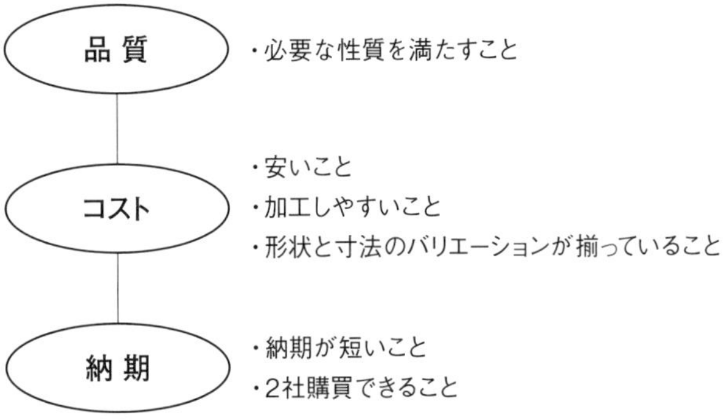

図1.4　材料選定の3つのポイント

材料編

第2章

材料の性質の読み方

2.1 機械的性質を読む

性質を読むことの意味

もし材料の種類が少なければ、一種類ずつ順番に特徴を紹介していけばよいのですが、実際には多くの種類があり現実的ではありません。そこで材料の性質について「自分で読めること」を目指します。そうすれば何種類あろうと鬼に金棒です。本章ではこの材料の性質の読み方を紹介します。

材料の性質といっても特別なことではなく、強い、硬い、軽い、さびやすいといった日常会話で表現している性質となんら変わりません。難しく感じるのは、これらを剛性、硬度、密度、耐食性《たいしょくせい》といった専門用語であらわしているからにすぎません。

材料の性質の3分類

材料の性質は「機械的性質」「物理的性質」「化学的性質」の3つに分けると理解しやすくなります。機械的性質とは、外部からの力に対する性質です。力を加えたときの変形や破損のしにくさをあらわします。

物理的性質は重さや熱、電気、磁性などに対する性質で、化学的性質はさびなどの化学反応に対する性質です。すなわち機械的性質は材料に加わる力に関する「動的な性質」で、物理的性質と化学的性質は力とは関係のない「静的な性質」になります（図2.1）。

変形のしにくさと破損のしにくさ

では機械的性質から順に見ていきましょう。機械的性質は外部からの力に対する性質なので、頑丈な材料が必要な場合には、この性質が選定のポイントになります。頑丈さの理想は、力が加わっても「まったく変形しないこと（変形

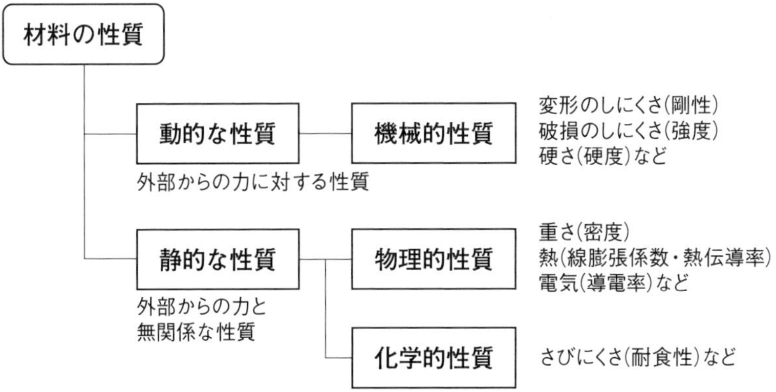

図2.1　材料の性質

がゼロ)」と「破損しないこと」です。

しかし力が加わっても変形がゼロの材料は、地球上のどこを探しても存在しません。力を加えた瞬間から多かれ少なかれ、必ず変形は生じます。そのため頑丈な性質は、変形がゼロではなく「変形が少ないこと」が条件になります。この変形のしにくさを「剛性」といいます。

また変形が少ないからといっても、小さな力で破損するようでは困ります。ここでいう破損とは「変形が元に戻らなくなる状態」や「破壊してしまう状態」を指します。変形が小さくても元に戻らなければ、構造部品などは目的の機能を果たさなくなってしまいます。また破壊は、ボキッと折れたり、引きちぎれたり、割れて砕け散って、原形を留めず使いものにならなくなる状態です。これらの破損のしにくさを「強度」といいます。次にこの剛性(変形のしにくさ)と強度(破損のしにくさ)を詳しく見ていきましょう。

剛性を数値化した縦弾性係数

剛性を数値化したモノサシが「縦弾性係数」で「ヤング率」ともいいます(**図2.2**)。この数値が大きいほど変形しにくいことを意味します。剛性は、鉄鋼材料やアルミ合金といった材料の大分類で決まります。たとえば鉄鋼材料であれば、安価な材料(炭素鋼など)でも高価な材料(ステンレスなどの合金鋼)でも、変形のしにくさは同じです。高級品なので変形しにくいわけではありません。

縦弾性係数の便利さは「材料ごとの変形のしにくさを簡単に比較できること」と「変形量を机上で試算できること」です。たとえば鉄鋼材料の縦弾性係数は「206×10^3N/mm^2」、アルミ合金は「71×10^3N/mm^2」です。この数値を比較すると、アルミ合金は鉄鋼材料の約3分の1なので、同じ力が加われば、鉄鋼材料に比べて3倍大きな変形が生じることがわかります。

分 類	材料の種類	縦弾性係数 ×10^3 N/mm^2
金 属	鉄(鋼材)	206
	アルミニウム合金	71
	銅(黄銅)	103
非金属	ゴム	0.1以下
	ポリエチレン	1
	ガラス(セラミックス)	69
	ダイヤモンド	1000

注) 数値が大きいほど変形しにくい。各データは参考値。

図2.2　主な縦弾性係数

変形量の試算

加わる力の大きさがわかれば、変形量は四則計算で試算できます。ここでは引っ張る力が加わった際の「伸び量」の事例を見てみましょう。

「伸び量＝((単位面積あたりの力の大きさ)×(元の長さ))÷縦弾性係数」

になります。単位面積あたりの力の大きさを「応力」といい、加わる力の大きさを断面積で割った数値になります(**図2.3**)。

たとえば長さ200mmの鉄鋼材料の両端に、50N/mm^2 (≒5.1kgf/mm^2) の引張力が加わったときの伸び量は、縦弾性係数を206×10^3N/mm^{2}として、

伸び量＝(50N/mm^2×200mm)÷(206×10^3N/mm^2)≒0.05mm　になります。

伸び以外の圧縮や曲げも、対応する計算式により変形量の試算ができます。

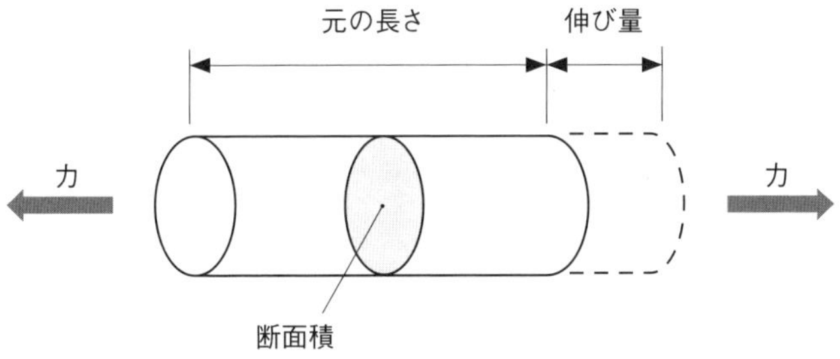

$$\text{伸び量} = \frac{(\text{単位面積あたりの力の大きさ})\times(\text{元の長さ})}{\text{縦弾性係数}}$$

材料の種類で決まる数値

図2.3　伸び量の試算

力が加わったときの3つの変化

剛性に続いて強度を紹介する前に、力を加えると材料にはどのような変化がおこるのかを、イメージしやすい「ばね」で見てみましょう。

ばねの片方を手でつまんで引っ張ると伸びが生じて、手を離すと元に戻ります。さらに大きな力を加えると、ばねは伸び切って元に戻らなくなります。ここからもう一段力を増すと、ばねは引きちぎれます。もちろん手の力では無理なので、機械で力を加えたとして考えます。

以上の3つの現象は、ばねに限らず丸棒でも角材でも、材料の種類を問わず同じように生じます。

これら3つの現象において、力を加えた瞬間から伸びはじめて力を除けば元に戻る変化を「弾性変形」、より大きな力により伸び切って力を除いても元に戻らずひずみが残る変化を「塑性《そせい》変形」といいます。さらに力を増して材料が引きちぎれる変化が「破断」です。

つまり、材料に力を加えていくと「弾性変形」→「塑性変形」→「破断」の順に変化します（**図2.4**）。

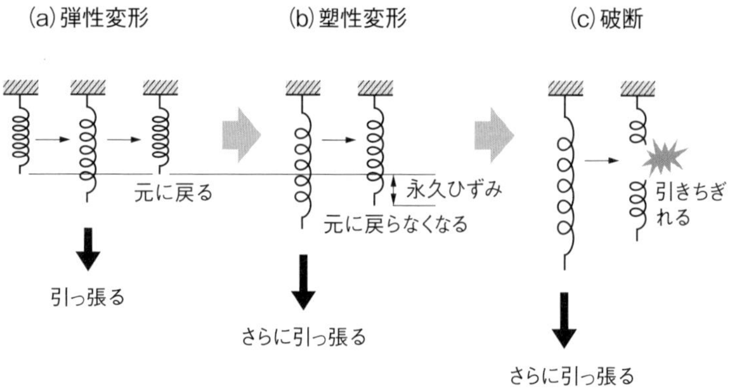

図2.4　弾性変形と塑性変形と破断

強度を数値化した降伏点と引張強さ

弾性変形、塑性変形、破断の3つの現象は、加わる力の大きさで決まるので、材料ごとに各変形の境界が数値で示されています。それが「降伏点（もしくは耐力）」と「引張強さ」になります（**図2.5**）。

降伏点は、塑性変形がはじまる力の大きさをあらわします。材料の種類によっては「耐力」と表示されていますが、降伏点と同じ意味です。

一方、材料が破断する力の大きさをあらわすのが、引張強さです。たとえば汎用的に使われている鉄鋼材料「SS400」（一般構造用圧延鋼材）の降伏点は「245N/mm^2」、引張強さは「400N/mm^2」になります。降伏点も引張強さも、数値は大きいほど破損しにくいことを意味します。

以上より、構造部品のような頑丈さが必要な場合には、降伏点の数値の大きな材料を選定し、降伏点以下の弾性変形の範囲内で使用します。

先に説明した剛性（変形のしにくさ）は材料の大分類で決まりますが、この強度（破損のしにくさ）は、材料の品種によって異なります。安価な鉄鋼材料（炭素鋼など）よりも高価な鉄鋼材料（合金鋼など）のほうが、大きな力に耐えられるのです。

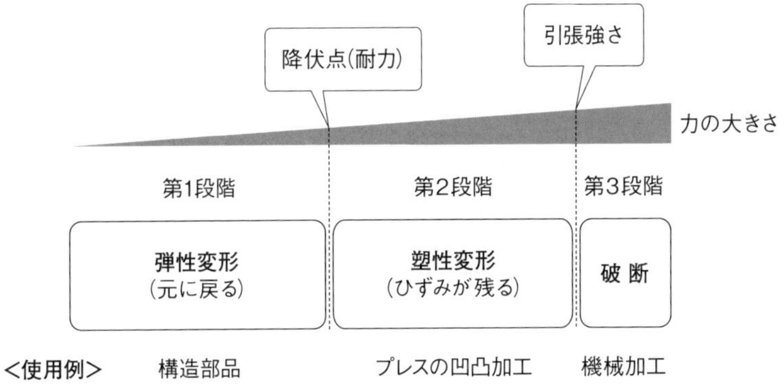

図2.5　降伏点と引張強さ

変形を活かした身近な事例

ここでは、変形そのものを活かした身近な例を紹介します。弾性変形を利用した代表例は、先に紹介したばねや文房具のクリップです。クリップは少し広げて紙をはさみ込みます。これはクリップに使われている材料がもつ、元に戻ろうとする弾性変形の性質を活かした一例です。

変形が元に戻らない塑性変形を活かした事例では、薄板を金型ではさみ込んで凹凸形状をつける板金加工（プレス加工）があります。クルマのドアやボンネットは、鉄鋼材料の平板をプレスして立体形状にしています。この加工では降伏点を超える力を加えて塑性変形させています。アルミの灰皿も同じくアルミ合金の円板をプレス加工で立体形状にしたものです。

旋盤やフライス盤、プレス機などの工作機械での加工は、工具を通じて大きな力を加え、材料を破断させています。

力の大きさをあらわす単位

剛性の「縦弾性係数」の単位と、強度の「降伏点」と「引張強さ」の単位には、国際単位系（SI単位）のN/mm²が使われています。Nは力の大きさ「ニュートン」をあらわします。肌感覚でわかりにくい場合は、ニュートンNの数値を10で割れば、重量kgfに換算できます。

正確には9.8で割るのですが、10で割っても誤差は2%なので、およその値をつかむには10で割るのが便利です。たとえば400Nであれば、約40kgfになります。kgにfがついて40kgfになっているのは、質量40kgのモノを持ったときに感じる重さ（力の大きさ）の意味になります（重さは本章2.4項で解説）。

剛性と強度の図解

頑丈さの剛性（変形のしにくさ）と強度（破損のしにくさ）について、**図2.6**にまとめました。この剛性と強度は少々ややこしいので、材料の片側を固定して、もう片側に力が加わるケースで理解を深めましょう。

図2.7は、剛性が低い材料（アルミ合金など）と剛性が高い材料（鉄鋼材料など）に同じ力を加えた場合の変形を比較した図です。変形量（たわみ）の違いを確認できると思います。

図2.8は、剛性は同じで、強度が低い材料（炭素鋼など）と強度が高い材料（高価な合金鋼など）に同じ力を加えた場合の変形を比較した図です。強度の高い材料は、大きな力にも耐えられることがわかると思います。

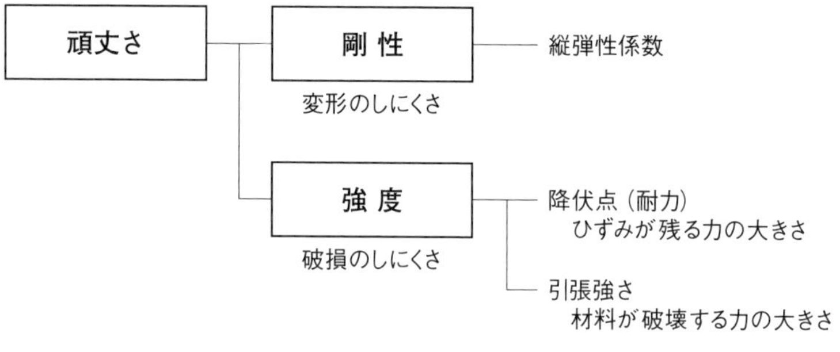

図2.6　頑丈さのまとめ

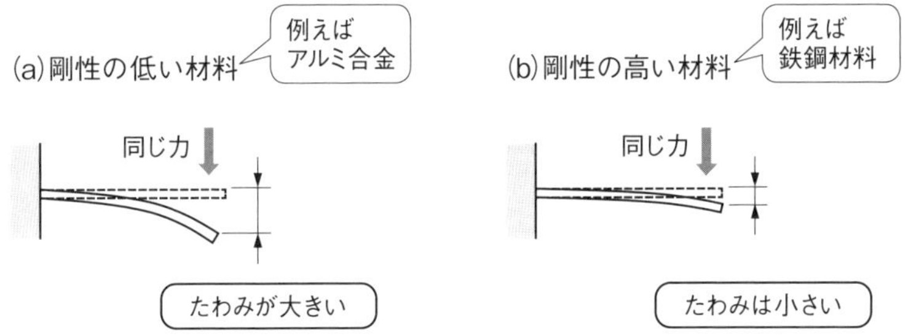

図2.7　剛性の違いによる変形の比較

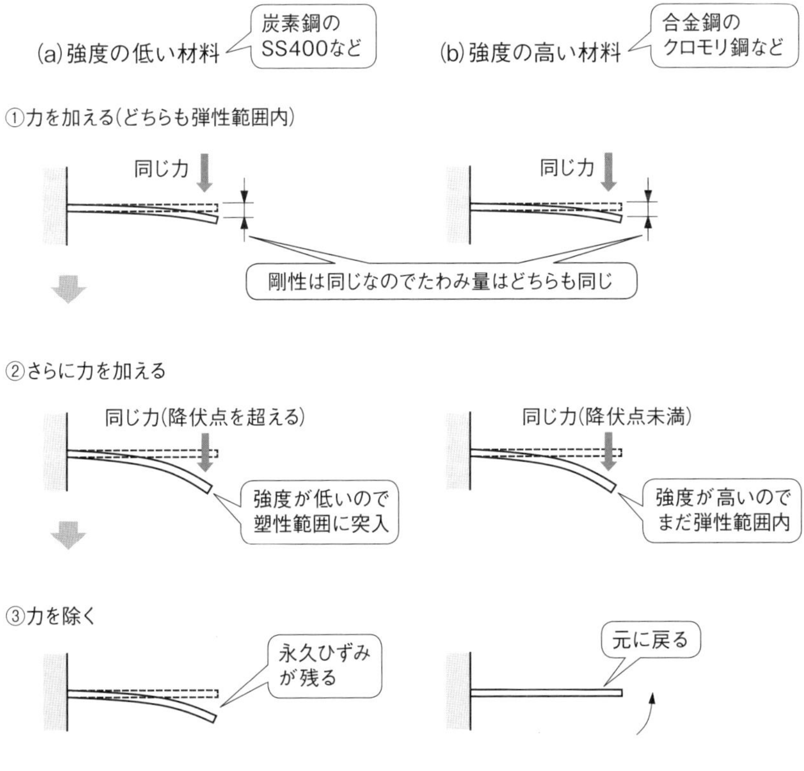

図2.8　強度の違いによる変形の比較

2.2 形状で剛性を高める工夫

文房具の下敷きのたわみ

変形を少なくするには、縦弾性係数の数値の大きな材料が適していることを前項で紹介しました。本項ではもうひとつ剛性を高める効果的な「断面形状の工夫」についてお伝えします。設計に関わる方には必須の知識ですが、それ以外の方は参考レベルの流し読みで大丈夫です。

わかりやすい事例として、文房具の下敷きをイメージしてください。下敷きを横向き（水平方向）に持って上下に振ると、ペラペラと簡単にたわみます。しかし同じ下敷きを今度は縦向き（垂直方向）にして上下に振ってもたわみません。同じものでありながら、向きを変えるだけで剛性（変形のしにくさ）が変わるのがわかると思います（**図2.9**）。

これは力が加わる方向に対する断面形状が変わったためです。

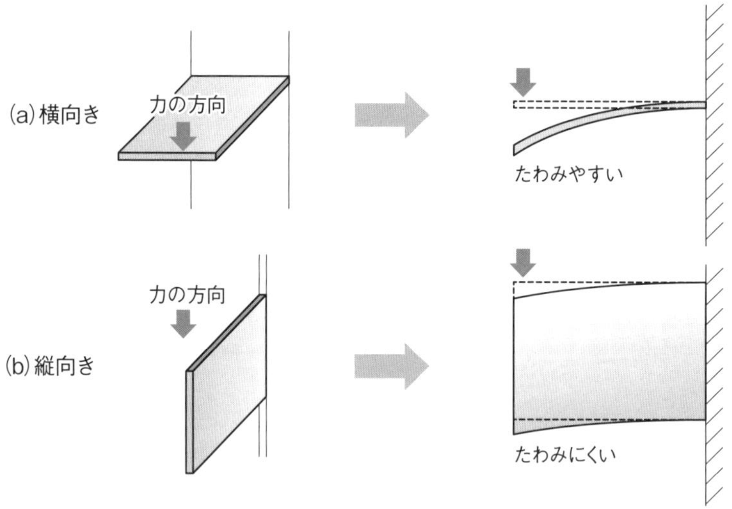

図2.9　断面形状によるたわみの違い

便利な断面二次モーメント

この下敷きの事例を使って、剛性を高める方法を具体的に紹介します。力が加わった際の曲げ変形のしにくさを「曲げ剛性」といいます。この曲げ剛性は、縦弾性係数と断面二次モーメントとの掛け算になります。すなわち、

「曲げ剛性＝縦弾性係数×断面二次モーメント」です。

縦弾性係数は「材料の種類で決まる数値」で、断面二次モーメントは設計での「断面形状で決まる数値」になります。どちらの数値も大きくなるほど、変形しにくくなることを意味します。

断面二次モーメントは材料力学の専門用語なのですが、断面形状ごとに計算式が決まっており、簡単に計算することができます。その一例として角形状と丸形状の断面二次モーメントの計算式を**図2.10**に示します。

	断面形状	断面二次モーメント式
角 棒	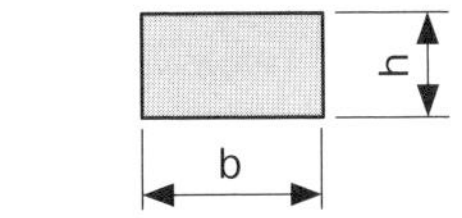	$\frac{bh^3}{12}$
角パイプ	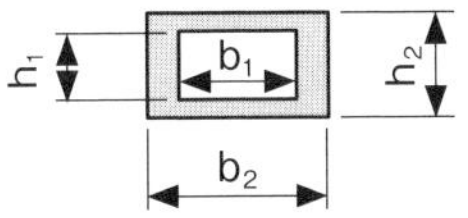	$\frac{1}{12}(b_2h_2^{\ 3}-b_1h_1^{\ 3})$
丸 棒	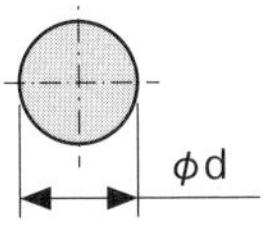	$\frac{\pi d^4}{64}$
丸パイプ	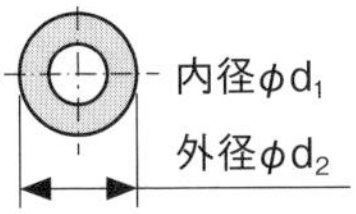	$\frac{\pi}{64}(d_2^{\ 4}-d_1^{\ 4})$

図2.10　主な形状の断面二次モーメント

断面二次モーメントでの比較

先の下敷きの横向きと縦向きの断面二次モーメントを比較してみましょう。下敷きの断面は角形状なので、断面二次モーメントは、幅bと厚みhのとき「$bh^3/12$」になります。いま下敷きの断面寸法を「2mm×100mm」とします。

横向きの場合は幅が100mm、厚みが2mmとなるのに対して、縦向きの場合は寸法が逆転して幅が2mm、厚みが100mmになります。それぞれの断面二次モーメントを先の計算式で求めると「横向き$67mm^4$」と「縦向き$166{,}667mm^4$」で、比率はおよそ「1：2500」になります（**図2.11**）。

これは横向きに比べて縦向きの変形量は2500分の1になることを意味します。たとえば横向きで10mmの変形があったとすると、縦向きでの変形は0.004mmに激減します。このように剛性を高めるには、材料の縦弾性係数よりも、断面二次モーメントを工夫するほうがはるかに効果的なのです。

	横向き	縦向き
力の向きと断面形状	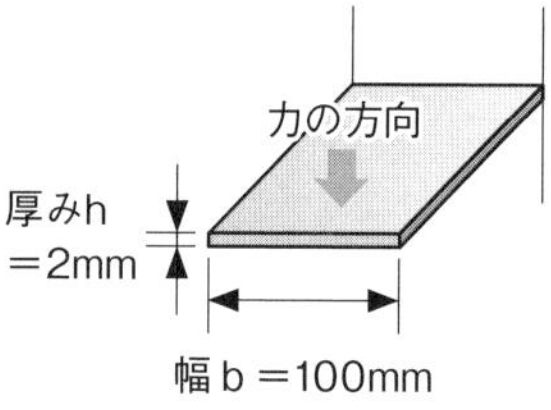	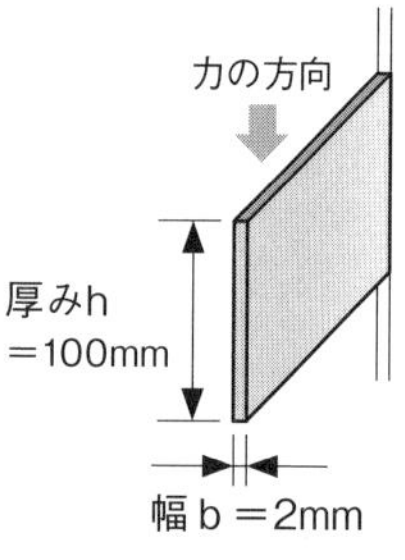
断面二次モーメント	$\frac{bh^3}{12} = \frac{100\times 2^3}{12} \fallingdotseq 67mm^4$	$\frac{bh^3}{12} = \frac{2\times 100^3}{12} \fallingdotseq 166{,}667mm^4$

図2.11　向きの違いによる断面二次モーメント

軽さと剛性を両立させる

ここで応用編として、剛性と同時に軽さが求められるケースを考えてみましょう。剛性では、鉄鋼材料の変形量はアルミ合金に比べて3分の1です。またアルミ合金は鉄鋼材料の3分の1の軽さです。すなわち剛性では鉄鋼材料が優位、軽さではアルミ合金が優位となり、剛性と軽さの両立は難しく感じます。

そこで軽さで優位な「アルミ合金を採用」して「断面形状の工夫で鉄鋼材料並みの剛性に設計する」のが常とう手段です。

では断面が長方形の角棒で考えてみましょう。アルミ合金を鉄鋼材料の曲げ剛性と同じにするには「曲げ剛性＝縦弾性係数×断面二次モーメント」から、アルミ合金の断面二次モーメントを3倍にすればよいのです (**図2.12**)。

角形状の断面二次モーメント「$bh^3/12$」を3倍にするには「幅bを増やして3

		鉄鋼材料	アルミニウム合金	
			幅を3倍にした場合	厚さを1.44倍
断面形状（幅bと厚さh）		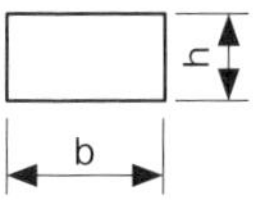	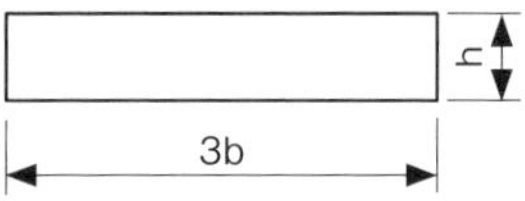	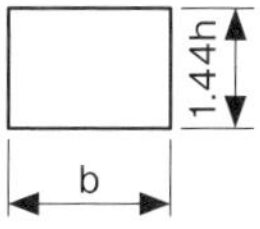
曲げ剛性	縦弾性係数	206×10^3N/mm^2	71×10^3N/mm^2（鉄鋼の約1/3）	
	断面二次モーメント	$\frac{bh^3}{12}$	$\frac{3bh^3}{12}$	$\frac{b(1.44h)^3}{12}$
質量	密度	7.87g/cm^3	2.70g/cm^3（鉄鋼の約1/3）	
	断面積	b×h	3b×h	b×1.44h
評価			幅を3倍にして断面二次モーメントを3倍にすれば曲げ剛性は鉄鋼材料と同じになる。しかし重さも3倍になり軽量化のメリットはない	厚さを1.44倍にしても断面二次モーメントは3倍になる。曲げ剛性を鉄鋼材料と同等まで高めつつも重さは半分で済む

図2.12　断面形状による剛性向上策

倍にする方法」と「厚みhを増やして3倍にする方法」の2通りがあります。前者の幅bを増やす方法では、同じ倍率で幅bを3倍にする必要がある一方、後者の厚みhを増やす方法ではh^3が3倍になればよいので、hは1.44倍($1.44^3 \fallingdotseq 3$)となり、こちらのほうが重さの増加を抑えられて有利です。

元の重さからは1.44倍の増加になりますが、同じ大きさなら鉄鋼材料の3分の1の軽さなので、剛性を鉄鋼材料と同じに高めても、なお鉄鋼材料に対して半分($1.44 \div 3 \times 100 \fallingdotseq 50\%$)の重さで済み、軽量化できます。

このように断面形状の工夫で、剛性と軽さの両立が可能になります。

丸棒とパイプの剛性比較

もうひとつ形を変えて、丸形状の事例を紹介します。同じ材質で同じ重さならば「丸棒よりも穴のあいたパイプのほうが強い」といわれます。これを同じように断面二次モーメントを使って確認してみましょう。

いまパイプの外径をϕ10mm、穴の内径をϕ8mmとします。このパイプと同じ重さの丸棒の直径を求めると、断面積が同じになればよいので、

パイプの断面積＝外径ϕ10の面積－内径ϕ8の面積

$$=((半径5)^2 \times \pi) - ((半径4)^2 \times \pi) = 9 \times \pi \quad より、$$

同じ断面積の丸棒は、$\sqrt{9}=3$から、半径3mmすなわち直径ϕ6mmになります。

次に先の図2.10の式から、それぞれの断面二次モーメントを求めます。

丸パイプの断面二次モーメント「$\pi \times ((外径\phi)^4 - (内径\phi)^4)/64$」より、

「$\pi \times (10^4 - 8^4)/64$」$= \pi \times 92.25$。

丸棒の断面二次モーメント「$\pi \times (外径\phi)^4/64$」より、

「$\pi \times 6^4/64$」$= \pi \times 20.25$。

以上よりパイプと丸棒の断面二次モーメントの比は「92.25：20.25」なので、パイプは丸棒の5倍弱になります。すなわち同じ重さのとき「パイプは丸棒に比べて変形量は約5分の1」の強さであることがわかります。

2.3 硬さと粘り強さ

硬さとは

ここまで機械的性質の剛性（変形のしにくさ）と強度（破損のしにくさ）を紹介してきました。本項では、次の機械的性質として「硬さ」と「粘り強さ」について解説します。

硬さは、日常会話でも「硬い」「軟らかい」と表現し、材料表面の抵抗力をあらわします。すなわち「材料表面に局部的な力が加わったときのキズのつきにくさ」がイメージしやすいと思います。

硬さの試験方法

硬さは「硬度」であらわし、この数値化にはいくつかの試験方法があります。それぞれに一長一短があるので、適した試験方法が用いられます。

試験方法の原理はシンプルで、測定したい材料表面にダイヤモンドや超硬合金の圧子と呼ばれる部品を押し当てて、そのときに生じたくぼみの大きさを数値化しています。くぼみが小さければ硬く、大きければ軟らかいわけです。

各試験方法は、試験片の形状（円すい・四角すい・鋼球）の違いや、くぼみの測定箇所（深さ・対角線・直径）の違いによるもので、それぞれ専用の測定器で試験します（**図2.13**）。

どの試験方法を採用するかのルールはありませんが、一般的には熱処理の焼入れ・焼戻し品には簡単に測定できる「ロックウェル硬さ試験（HRC）」を、硬い材料全般には「ビッカース硬さ試験（HV）」を、鋳物などの硬度にばらつきがある材料には「ブリネル硬さ試験（HBW）」が採用されています。

これらの試験結果には互いに相関の関係があり「硬さ換算表」をキーワードに、インターネット検索で参考情報を得ることができます。

種類	記号	測定方法	特徴
ロックウェル 硬さ試験	HRC	 「円すい」による くぼみの「深さ」	深さを読むだけなので測定が容易。焼入れ・焼戻しの測定に最適(Cスケール)
ビッカース 硬さ試験	HV	 「四角すい」による くぼみの「対角線」	くぼみが小さいので小物の測定も可能。金属材料を含む硬い材料全般に適する
ブリネル 硬さ試験	HBW	 「鋼球」による くぼみの「直径」	くぼみが大きいので鋳物などの硬さが不均一な材料に適する。小物や硬いものには適さない

図2.13　硬さ試験の種類

軟らかい材料の硬さ試験

材料によっては、ゴムなどのようにくぼみが元に戻ってしまう場合があります。こうした弾性体の場合には「デュロメータ硬さ試験」を用います。デュロメータ（硬度計）内のスプリングを介した押針を、材料表面に押し当てた際に押し戻された深さを数値化しています。

硬さの程度によって、Aタイプ～Dタイプの4つのタイプがあります。硬さの目安は、消しゴムはA30、ゴルフボールはA90程度です。

旧JISではショア硬さ試験（HS）が用いられていました。

壊れにくさをあらわす粘り強さ

機械的性質の最後は「粘り強さ」の紹介です。粘り強さとは、急激な力を加えたときの壊れにくさのことで、靭性《じんせい》ともいいます。粘り強さの反対の「もろさ」のほうが直感的にわかりやすいと思います。もろさは脆性《ぜいせい》ともいいます。

粘り強さの数値化は、材料にハンマーで高速の衝撃を与え、破壊に要したエネルギーで評価します。

機械的性質の相互関係

これまで紹介してきた機械的性質の「頑丈さ（剛性と強度）」と「硬さ」と「粘り強さ」の三者の関係を見ると、頑丈さと硬さは比例しますが、硬さと粘り強さは反比例の関係になります（**図2.14**）。材料は硬くなればなるほど、もろくなるためです。

圧倒的な硬さを誇るダイヤモンドをハンマーで叩くと、粉々に砕け散ることはよく知られています。これは硬い反面、もろいからです。鉄鋼材料やアルミ合金はハンマーで叩いてもへこむだけで、砕け散ったりはしません。これは粘り強さがあるためです。

金属材料において、硬さを向上させて粘り強さと両立させるのが、加工編の第8章で紹介する熱処理の「焼入れ・焼戻し」になります。

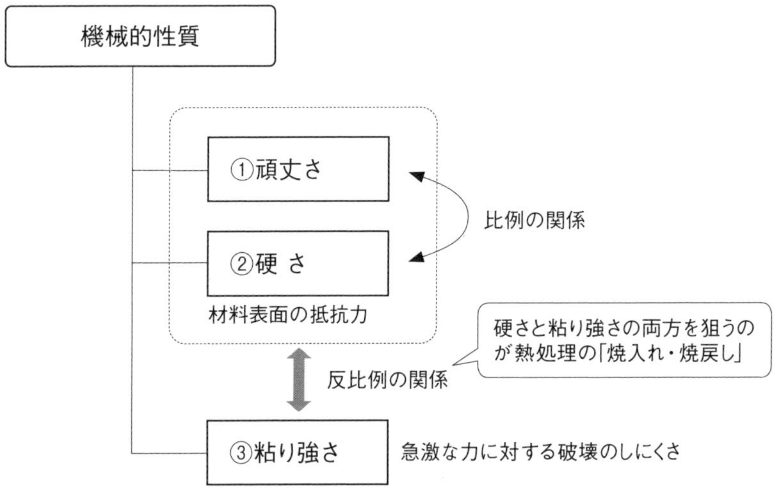

図2.14　機械的性質の相互関係

2.4 物理的性質を読む

重さと質量の違い

ここまで外部からの力に対する性質として、機械的性質を見てきました。本項では、力とは関係ない静的な性質として、重さ、熱、電気といった物理的性質を紹介します。

まずはよく使う性質の「重さ」から見ていきましょう。重さ（重量）は日常的に使う言葉ですが、工学の世界ではモノに働く重力の大きさを意味します。重さの単位はニュートン（N）です。極端な話ですが、地球と月では重力が異なるので、同じモノでも重さは変わってきます。

これに対して「質量」は重力によって変わらない量で、単位はキログラム（kg）です。質量の定義は、フランスに保管された「国際キログラム原器」（合金製の円柱形の分銅）を「質量が1kgの物体」と定めていましたが、2019年に130年ぶりに改訂され、プランク定数という物理定数の定義に変わりました。

質量と重さとの関係は、「質量1kgの重さ（1kgf）≒9.8N」になります。

質量の計算に用いる密度

材料の単位体積あたりの質量を示すのが「密度」です。この密度は材料によって決まっており、密度に体積を掛けることで質量を算出できます。すなわち、「質量＝密度×体積」になります。

密度の単位は、国際単位系のSI単位で「kg/m^3」と定義されていますが、1m角では大きすぎて直感的にわかりにくいので、1cm角のサイコロサイズの「g/cm^3」のほうが便利です。

代表的な材料の密度として、鉄は$7.87g/cm^3$、アルミニウムは$2.70g/cm^3$、銅は$8.92g/cm^3$です。同じ大きさであればアルミニウムは鉄の約3分の1の軽さであることがわかります。この重さの比率「3分の1」は覚えておくと便利です。また銅は、鉄の1.1倍で約10%増しの質量です。

参考までに水の密度は1.0g/cm^3なので、密度が1.0g/cm^3より小さいモノは水に浮き、大きいモノは水に沈みます（**図2.15**）。

分 類	材料の種類	密 度	
		kg/m^3	g/cm^3
金 属	アルミニウム	2.70×10^3	2.70
	鉄	7.87×10^3	7.87
	銅	8.92×10^3	8.92
非金属	ポリエチレン	0.96×10^3	0.96
	コンクリート	2.4×10^3	2.40
	ガラス	2.5×10^3	2.50
	水	1.0×10^3	1.0

注）数値が大きいほど重い。各データは参考値。

図2.15　主な材料の密度

重さの肌感覚

重さは、身近なモノにたとえた肌感覚を持っておくと便利です。

たとえば「1g」は1円玉の質量、「1kg」は牛乳の1Lパックの質量です。

「10kgレベル」はお米の10kg袋。50kgを超えると自分の体重が参考になりそうです。

「100kgレベル」は原付バイクの「スーパーカブ」（ホンダ）がほぼ100kgです。相撲取りの平均体重がおよそ150kgなので、500kgなら相撲取り約3人分。

「1000kg＝1tレベル」になると、軽自動車1000kg、普通乗用車1500kgがひとつの目安になります。

熱による膨張

次は熱に対する性質を見てみましょう。熱に関しては、温度変化による伸び量を示す「線膨張係数」と、熱が伝わるスピードを示す「熱伝導率」があります。

まず線膨張係数について紹介します。

材料は温度によって体積が変わります。温度が高くなると膨張し、温度が下がると収縮します。鉄道の線路でレールのつなぎ目にスキマがあいているのを見たことがあると思います。このレールのスキマは、夏に膨張した伸びによって線路が湾曲するのを防ぐためのものです。伸びた分をスキマで吸収するわけです。橋桁にも同じようにスキマが設けられています。

主な材料の線膨張係数

温度が上昇したときの材料の伸びやすさをあらわす「線膨張係数」は、1℃あたりの伸び量を示し、単位は「1/℃」です。温度の単位は、国際単位系(SI)ではケルビン(K)を用いますが、本書では一般的に使われている度(℃)を使用します。1℃と1Kの温度差はどちらも同じです。

この線膨張係数の利点は「材料ごとの伸び度合いが簡単に比較できること」と「伸び量を机上で試算できること」です。主な材料の線膨張係数を**図2.16**に示します。この値が大きいほど、伸びやすい材料となります。

鉄鋼材SS400(一般構造用圧延鋼材)の線膨張係数は11.8×10^{-6}/℃、アルミ合金の線膨張係数は23.5×10^{-6}/℃なので、鉄鋼材料と比べてアルミ合金は約2倍大きく伸びることが容易にわかります。

分 類	材料の種類	線膨張係数 $\times 10^{-6}$/℃
金 属	鉄鋼(SS400)	11.8
	ステンレス(SUS304)	17.3
	銅(黄銅)	18.3
	アルミニウム	23.5
非金属	ガラス	9
	コンクリート	7～13
	ポリエチレン(低密度)	180

注)数値が大きいほど伸びやすい。各データは参考値。

図2.16　主な材料の線膨張係数

熱による伸び量の試算

温度上昇による材料の伸び量は、線膨張係数に元の長さと上昇温度を掛けた値になります。「伸び量＝線膨張係数×元の長さ×上昇温度」です。

線膨張係数が大きいほど、元の長さが長いほど、上昇温度が高いほど、伸び量は大きくなるわけです（**図2.17**）。

では具体的な伸び量を計算してみましょう。アルミ合金の場合で長さ100mmの棒が10℃上昇すると、伸び量は「23.5×10^{-6}/℃×100mm×10℃≒0.024mm」となります。断面形状は丸でも角でも同じです。

鉄鋼材料の場合には、長さ100mmで1℃上昇すると、「11.8×10^{-6}/℃×100mm×1℃≒0.00118mm」になり、伸び量はおよそ1μm（マイクロメートル、1mmの千分の1）です。このように鉄鋼材料は、長さ100mmで1℃上昇すると1μm伸びるので、語呂合わせで「100・1・1」と覚えておくと便利です。

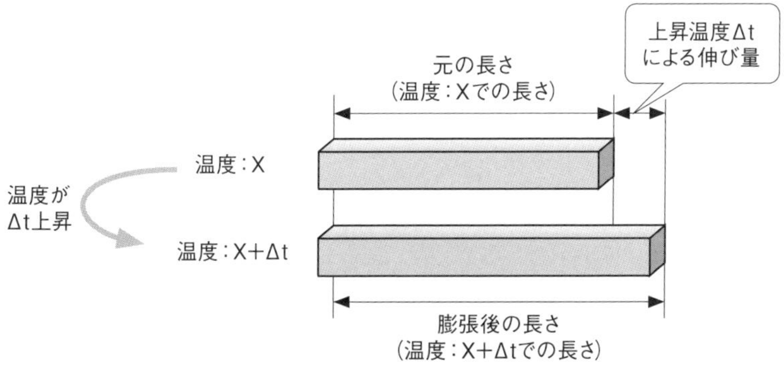

伸び量 ＝ 線膨張係数 × 元の長さ × 上昇温度

図2.17　熱による伸び量の試算

図面寸法は20℃での保証

このように、材料の寸法は温度によって変化するので、JIS（日本産業規格）において図面に示された寸法は「20℃」での保証値と定められています。検査室の室温調整が20℃になるように設定されているのはこのためです。

モノづくり現場で温度差が大きい冬場は、朝一番の0℃から暖房が行きわたるまで20℃くらいの温度差が生じるので、寸法精度が必要なときには注意が必要です。特にプラスチックは線膨張係数が金属よりも1桁大きいので、高精度で使用するときには温度を安定させる必要があります。

穴があいたパイプの膨張

余談になりますが、穴のあいたパイプを加熱すると、外径は大きくなりますが、穴の内径は大きく広がるのでしょうか、それとも内側に膨張して穴は小さくなるのでしょうか。答えは、穴は大きく広がります。

この現象をうまく利用した軸の固定方法が「焼きばめ」です。軸径よりも小さくあけた穴を加熱して、膨張により大きく広がった穴に軸をはめてから、常温まで冷ますと穴が縮まり、軸と穴とを強固に固定します。

熱の伝わるスピード

次に熱の伝わるスピードを見ておきましょう。熱の伝わるスピードも、材料ごとに異なります。この伝わりやすさをあらわしたモノサシが「熱伝導率」になります。単位はW/（m・K）と見慣れない記号の羅列ですが、基礎知識としては材料ごとの数値の差異に注目します。熱伝導率の数値が大きくなるほど、熱が伝わりやすい性質になります（図2.18）。

主な金属では、鉄、アルミニウム、銅、銀の順に伝わりやすいことがわかります。一方、市販されている断熱材や発泡スチロールの熱伝導率は、金属よりも3～4桁も小さい数値になっています。放熱して熱を逃がしたいときなどは熱伝導率の高い材料を、逆に保温したいときには低い材料が適しています。

分類	材料の種類	熱伝導率 W/(m・K)
金属	鉄	80
	アルミニウム	237
	銅	398
	銀	427
非金属	断熱材・発泡スチロール	0.03～0.05
	ポリエチレン(低密度)	約0.4
	ガラス	約1
	コンクリート	約1

注）数値が大きいほど伝わりやすい。各データは参考値。

図2.18　主な材料の熱伝導率

電気の流れやすさをあらわす導電率

電気の流れやすさをあらわす導電率は、数値が大きいほど流れやすい性質になります。一般に電気を流す線のことを銅線といいますが、図2.19からも銅材料が適していることがわかります。

導電率がさらに優れる銀線よりも銅線がよく使われているのは、銀は高価なので費用対効果で使い分けをしているからです。

一方、電柱に使われている白色の碍子《がいし》はセラミックスでできており、電気を流さない絶縁の性質を利用しています。

材料の種類	導電率 $\times 10^6$ S/m
鉄	9.9
アルミニウム	37.4
金	45.5
銅	59.0
銀	61.4

注）数値が大きいほど流れやすい。各データは参考値。

図2.19　主な材料の導電率

2.5 化学的性質を読む

化学的性質とは

化学的性質は、材料が気体や液体や固体に触れることで生じる化学反応に対する性質です。化学反応には、酸素と結びつく酸化や、窒素と結びつく窒化などいろいろな種類があり、反応のしにくさのことを「耐食性《たいしょくせい》」といいます。本章ではもっとも身近な、金属が酸化する現象である「さび」を紹介します。

金属の種類によって酸化のしやすさは異なります。これをイオン化傾向といい、**図2.20**に示します。これは空気中での酸化の度合いをあらわしたもので、イオン化傾向が小さくなるほどさびにくく、大きくなるほどさびやすい性質になります。貴金属と呼ばれる金、白金（プラチナ）、銀は非常に安定しているので色も美しく、ジュエリーといった装飾品にも使われています。これらは、産出量が少ないため価値もあり、高価になります。

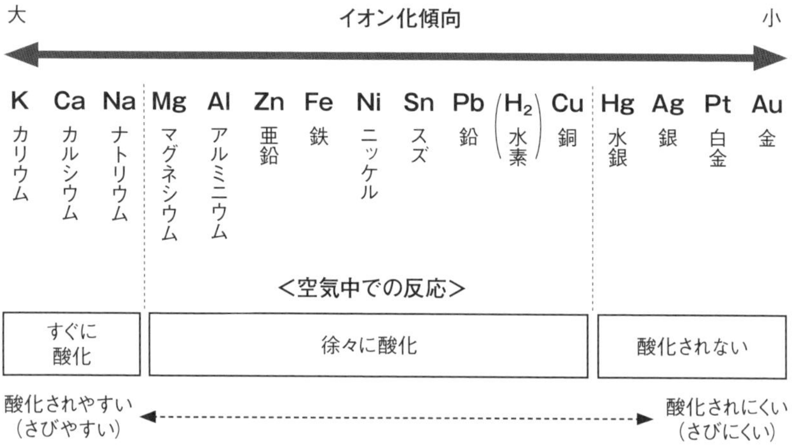

図2.20　主な金属のイオン化傾向

さびが生じるメカニズム

よく使われる鉄に注目すると、イオン化傾向のほぼ真ん中に位置します。鉄の酸化スピードは、温度や湿度などの条件によって変わりますが、速い場合は数時間でさびが目で見てわかるレベルに達します。

鉄がさびるメカニズムは、鉄の表面に水分が付着すると、空気中の酸素が水分に吸収されて、この酸素を含んだ水分に鉄（厳密には鉄イオン）が溶け出します。溶け出した鉄と酸素が水分のもとで結びついて酸化鉄が生じます。この酸化鉄をさびと呼んでいます。すなわち鉄に水分と酸素が作用してさびが発生するのです（図2.21）。

酸化鉄は化学的にとても安定した状態です。鉄の原料である鉄鉱石はこの酸化鉄として自然界に安定して存在しています。逆に鉄鋼材料は、鉄鉱石から無理やり酸素を取り除いているので不安定な状態なのです。そのために酸化してさびることで、元に戻って安定しようとするわけです。

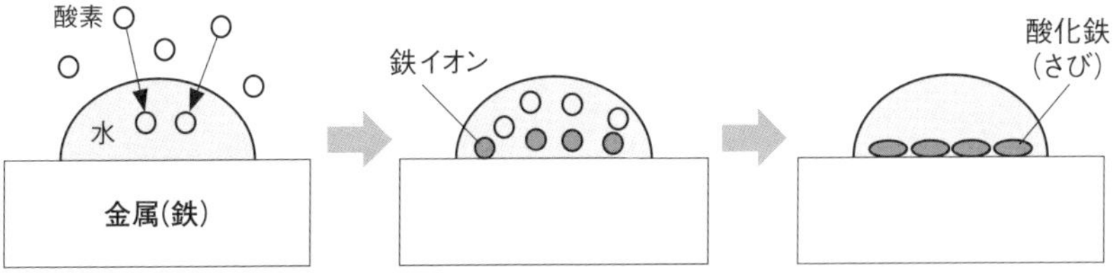

(a) 鉄の表面に付着した水分に、空気中の酸素が吸収される
(b) 酸素を含んだ水分に鉄が溶け出す（鉄イオンが溶ける）
(c) 水分に溶け出した鉄イオンが酸素と水と結合して酸化鉄(さび)が発生する

図2.21　さびが発生するメカニズム

悪性の赤さびと良性の黒さび

さびは困りものです。街中でも看板や放置自転車がさびている光景をよく目にします。しかしさびには、悪性のさびだけではなく、良性のさびもあります。日常で目にする悪性のさびを「赤さび」といい、良性のさびを「黒さび」といい

ます。この赤と黒は、まさに見た目の色をあらわしており、赤さびは酸化第二鉄（Fe_2O_3）、黒さびは四酸化三鉄（Fe_3O_4）になります（**図2.22**）。

さびは鉄の表面を覆う酸化皮膜ですが、赤さびはこの酸化皮膜がスキマだらけなのです。このスキマを通して水分と酸素が入り込んで、さびが鉄の内部にどんどん進行していきます。これにより材料がボロボロに朽ち果てるまでさびつづけます。

一方、黒さびは酸化皮膜が緻密な組織になっています。膜にスキマがないので、一旦鉄の表面を覆えば、水分も酸素も遮断するので、それ以上はさびません。すなわち黒さびは「保護膜の役割」を果たしてくれるのです。

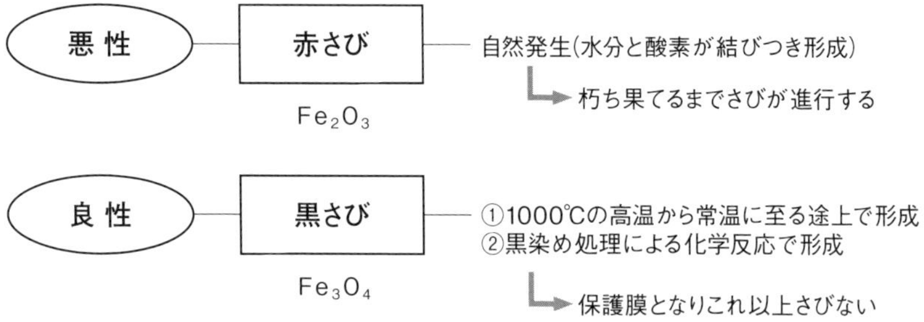

図2.22　赤さびと黒さび

黒さびの発生条件は限られる

そうすると鉄はすべて黒さびとしてさびてくれればよいと思うのですが、この黒さびは自然には発生せず、次のふたつの条件でしか形成できません。

ひとつは、製鉄所の熱間圧延工程などで1000℃ほどの高温から常温まで冷える過程で発生するさびです。「黒皮材」の名称で市販されている材料は、この黒さびが材料表面を覆ったものです。ただし黒さびの膜厚は相当にばらつきがあるため、寸法精度が必要な場合やなめらかな面が必要な場合には、この黒さびを除去しなければなりません。

黒さびをつくるもうひとつの方法は、化学反応を用いた表面処理です。これを「黒染め処理」と呼び、材料を黒染め液に浸漬《しんせき》させることで形成します。この黒染め液はホームセンターでも市販されています。黒皮材と異なり、黒染めの膜厚は1μmと非常に薄いので、高精度部品の防錆処理に用いられています。

ステンレスとアルミニウムのさび

ステンレスやアルミニウムはさびないといわれますが、実際にはさびないのではなく「すでにさびており、それ以上はさびない」というのが正解です。

ステンレスやアルミニウム材料の表面は、鉄の黒さびと同じく良質の酸化皮膜に覆われています。これを「不動態皮膜」といい、膜厚は100万分の1mmレベルの薄さです（**図2.23**）。非常に薄い膜厚なので、衝撃が加わるとはく離するのですが、はく離した瞬間に皮膜は再生し、同じ箇所でも何度でも再生するのが特徴です。

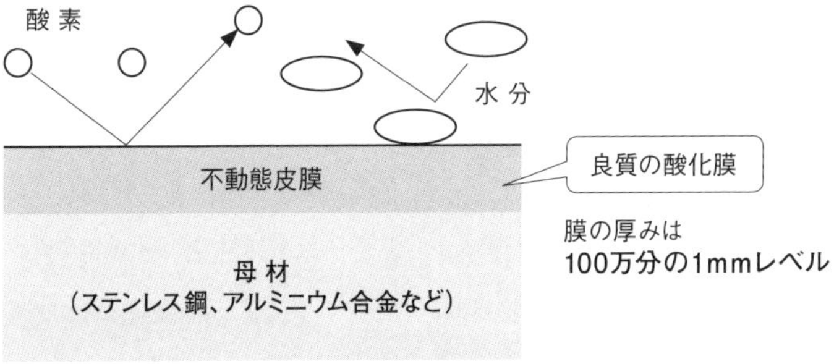

図2.23　母材を守る不動態皮膜

赤さびを防ぐ方法

赤さびを防ぐには、水分と酸素を遮断することがポイントです。

具体的な対策例として、

[1] 表面に油やグリスなどの防錆剤を塗布する

[2] 表面にめっきや塗装をおこなう

[3] 真空梱包する

[4] 水分や塩分の少ない環境で使用する

[5] 不動態皮膜で保護されたステンレスやアルミニウム材料を採用する

それぞれには一長一短があります。[1] の防錆剤は手軽な対策ですが、塗布により表面がベトベトになり、大気中のちりやホコリが付着して時間の経過とともに固化するために、定期的なメンテナンスが必要です。

[2] のめっきや塗装は、材料の表面を皮膜で覆い水分と酸素を遮断する方法です。めっきと塗装は皮膜の材料が異なり、金属系がめっき、樹脂系が塗装になります。どちらも [1] の防錆剤の弱点を補った方法です。めっきは膜厚を指定できる点がメリットです。塗装は色を選択できる点が特徴で、ペンキがイメージしやすいと思います。

[3] の真空梱包は酸素を遮断する方法です。食品もこの真空梱包によって酸化を防ぎ、保存期間を延長させる効果があるので広く導入されています。

[4] は水や湿気および、さびを加速させる塩分を遮断する方法です。

最後の [5] は良質の不動態皮膜を保護膜としてさびを防ぎます。

赤さびの利用

ここでは赤さびを悪者扱いしてきましたが、赤さびをうまく利用しているのが、使い捨てカイロです。カイロの袋には「鉄粉・水・活性炭・吸水性樹脂・バーミキュライト・塩類」が入っています。袋を開けると空気中の酸素と反応して「鉄＋水＋酸素」により酸化が進み、その際に発生する熱を利用しています。鉄粉と水以外の材料は、酸化を加速させる役割を担っています。

ところで使用前のカイロと使用後のカイロでは何が違うでしょうか。冬場に使用前と使用後のカイロの重さを、家庭にある調理用はかりで測ってみてください。驚くことに使用後は重くなっていることがわかります。この増えた分は結びついた酸素の重さになります。

材料編

第3章

鉄鋼材料

3.1 鉄鋼材料の全体像

金属の中で一番よく使われる鉄鋼材料

第2章で材料の性質の読み方を紹介しました。この基礎知識があれば、頑丈さや軽さといった必要な性質に適した材料を選択することができます。

その一方、実務においては、数多い種類の中から、毎回最初から検討するのではなく、JIS（日本産業規格）やデファクトスタンダード（業界標準）や社内規格といった制約で絞り込まれた中から選択しています。そこで、業種を問わず一般的によく使われている代表的な材料として、本章で鉄鋼材料を、次の第4章でアルミニウムや銅などの材料を紹介します。

鉄は、あらゆる産業、あらゆる製品に使われています。たとえば、生産設備に用いられている金属の約90%が鉄だといわれています。日本鉄鋼連盟の調査によると、日本における1年間の生産高は約1億トンにもなり、鉄の使用量が多い産業のトップ3は、建設、自動車、造船です。

鉄鋼材料を使うメリット

なぜこれほど多くの鉄が使われているのでしょうか。それは鉄が「地球上に豊富にあり」「他の金属より成分調整しやすく」「リサイクルもしやすい」からです。鉄は地球の質量の3分の1を占め（中心部はほぼ鉄）、1年間に国内でリサイクルされる鉄スクラップは約2500万トンにもなるそうです。

ユーザー側から見たメリットは「頑丈な材料で」「材料価格が安くて」「さまざまな形状と寸法のバリエーションが市販されており」「加工しやすく」「熱処理で性質を変えることができる」ことです。このように鉄鋼材料はつくりやすく、使い勝手もよい材料になります。現在は環境面への配慮から、製造時の温室効果ガスCO_2排出量の削減も進んでいます（**図3.1**）。

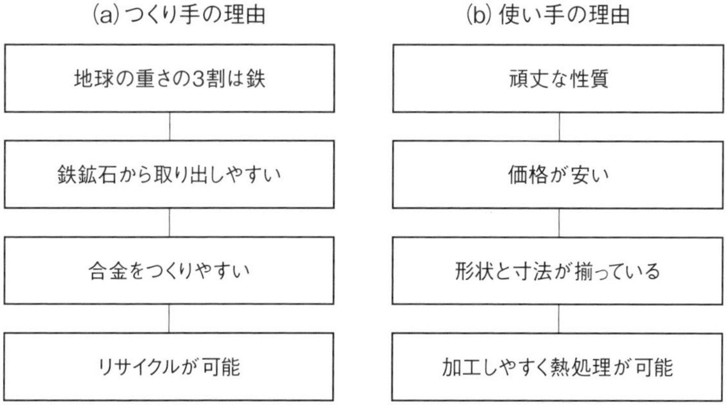

図3.1　鉄鋼材料が使われる理由

鉄鉱石から鉄鋼材料ができるまで

原材料の鉄鉱石が鉄鋼材料になるまでの流れを簡単に見ておきましょう。鉄鉱石は、鉄が酸素と結びついて安定した状態で存在しています。

まずこの鉄鉱石を熱して溶かすと同時に、炭素を加えることによって酸素を除いて（これを還元という）「銑鉄《せんてつ》」をつくります。この工程を「製鉄」と呼びます（**図3.2**）。

銑鉄の成分を調整したものが、鋳物に使われる鋳鉄になります。鋳鉄はユー

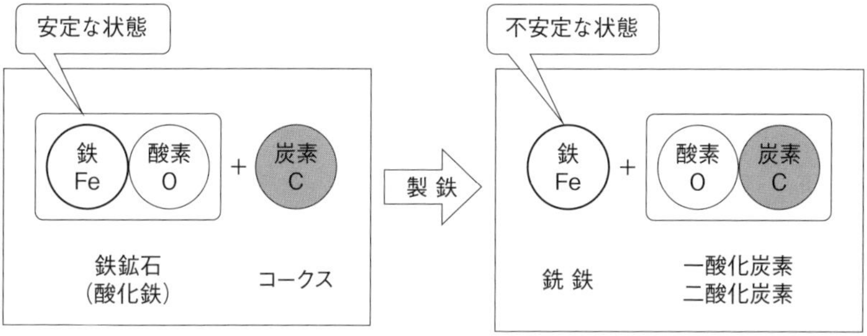

図3.2　製鉄のプロセス

ザーが溶かして使うので、正確な形状や寸法精度の必要はなく、運搬に便利な塊の状態で出荷されます。

また、銑鉄から炭素や不純物を除去して必要な成分を供給し、大きな塊にしたものが「粗鋼」になります。前述した年間1億トンという国内生産量は、この粗鋼に関する数字です。粗鋼をつくる工程を「製鋼」と呼びます。

粗鋼は鋼片という長い板状の鋼の塊に成形されます。スラブなどと呼ばれる鋼片は一般に厚さが25cm程度あり、最終製品の元となる半製品になります。この鋼片に圧力を加えて材料を引き伸ばす圧延加工によって、厚板や薄板や線材といったさまざまな最終製品をつくり出します。

圧延加工で形をつくる

圧延の工程は次のような流れです。まず鋼片を1000℃程度に熱して軟らかくします。これを圧延機のロールで上下からはさみ込んで徐々に薄くしていきます。1.2～19mmまで薄くした鋼板をコイル状に巻き取ります。

熱した状態で圧延加工するので、この工程を「熱間圧延」といい、製品は「熱延鋼板」として市販されます。この熱延鋼板は第2章で紹介した表面に黒さびがついた黒皮材になります（圧延加工は第7章7.4項参照）。

また板だけでなく、鋼片を線材や管材（鋼管）に加工する圧延機もあり、溝のあるロールを使って、断面形状が「H字形」や「I字形」の形鋼をつくります（後述図3.6）。形鋼は建築物の構造材に用いられているので、建築現場で見ることも多いと思います。

次に熱間圧延でつくった熱延鋼板の表面の黒さび（黒皮）を除去してから、常温でさらに薄く圧延する加工を「冷間圧延」といいます。

1μm（1mmの千分の1）レベルで厚さを調整するため厚み精度に優れており、表面も滑らかに仕上がります。熱間圧延した鋼材を「黒皮材」と呼ぶのに対して、この冷間圧延した鋼材を「ミガキ材」と呼んでいます。

高炉メーカーと電炉メーカー

ここまでの流れを簡単にいえば、「製鉄」で鉄鉱石を溶かして、「製鋼」で成分調整をおこない、「圧延」で形をつくります（図3.3）。

鉄鉱石から最終製品までの全工程を一貫して生産するのが高炉メーカーで、日本では日本製鉄、JFEスチール、神戸製鋼所の3社になります。原材料の鉄鉱石は船便による100%輸入品なので、製鉄所はすべて港湾沿いに位置しています。

一方、鉄スクラップを原料としているのが電炉メーカーで、日本各地に多くのメーカーがあります。高炉メーカーの「製鉄」工程が不要で、電気炉で鉄スクラップを溶かします。電炉メーカーは、リサイクルや環境保護の点で重要な役割を担っています。

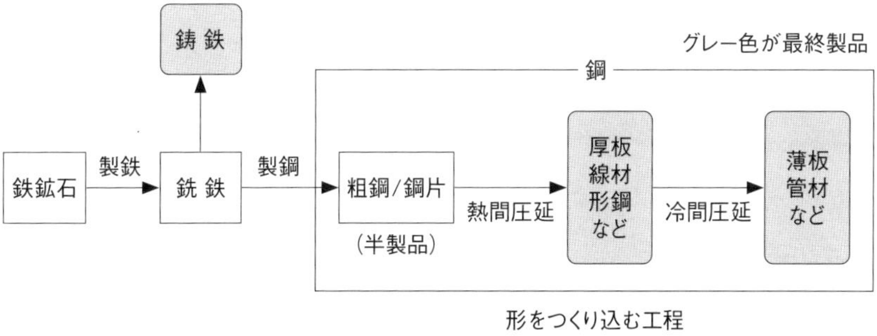

図3.3　鉄鋼材料をつくる工程

3.2 鉄鋼材料の分類

炭素の含有量による4分類

鉄鋼材料の分類として「炭素の含有量による分類」と「加える成分による分類」のふたつの切り口で見ていきましょう。

鉄鋼材料の性質は、加える成分の中で炭素がもっとも大きな影響を与えます。この炭素の含有量での分類が**図3.4**になります。

炭素の含有量の少ないほうから順に「純鉄」(炭素量0〜0.02%)、「軟鋼」(0.02〜0.3%)、「硬鋼」(0.3〜2.1%)、「鋳鉄」(2.1〜6.7%)の4つに分類できます。

この分類の境界となる「0.02%」はJISで定義された炭素量、「0.3%」は設計上の区分、「2.1%」は金属組織が変わる炭素量になります。

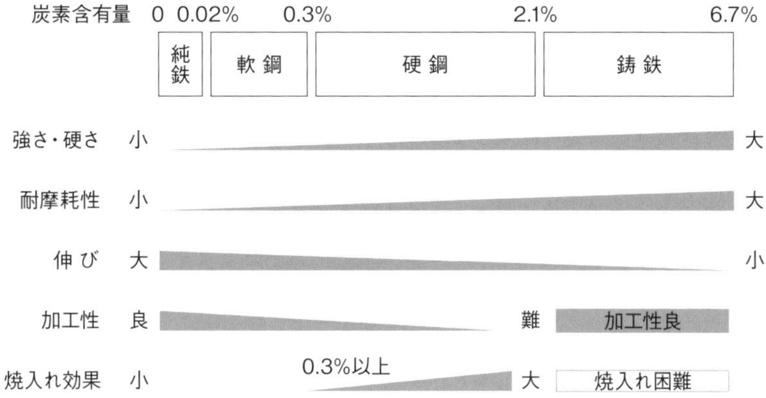

図3.4　炭素含有量による分類と特徴

炭素量が少ないほど弱く軟らかく、炭素量が多いほど強く硬い鉄鋼材料になります。炭素量が多いほどよいと思うかもしれませんが、平板を立体形状にする絞り加工では、軟らかく伸びやすい材料のほうが加工は容易になります。

また材料は硬くなればなるほど、もろくなる性質があります。頑丈さが欲しいときには、硬さと粘り強さが必要なので、相反する性質となるのが悩みどころです。この解決策が第8章8.2項で紹介する焼入れ・焼戻しになります。

炭素量による特徴と使用例

図3.4において1つめの純鉄は、高純度なので軟らかい材料のうえ製造コストが高くなります。そのため製品や機械の構造部品に使われることはなく、磁性材料や粉末冶金《やきん》、触媒などの限られた用途で使用されます。

2つめの軟鋼と3つめの硬鋼は、実用性を高めるため炭素量を増やした鋼(こうと読む)になります。軟鋼と硬鋼は、名称どおり軟らかい性質と硬い性質の区分けです。針金は手で曲げられる軟らかさが必要なので、軟鋼を用います。鉄くぎも軟鋼でできています。くぎと聞けば硬い性質が必要に思いますが、打ちつける際に強い衝撃が加わるので粘り強い軟鋼が採用されています。機械の構造部品には軟鋼や硬鋼を、硬さや耐摩耗性が求められる部品や工具には硬鋼が用いられます。

4つめの鋳鉄は、炭素量をもっとも多く含み、硬くて耐摩耗性に優れた材料です。溶融温度(融点)が低く、熱で溶かして型に流し込む鋳造に使用する鋳物用材料になります。鋳造は、鉄瓶やマンホールの蓋のように、複雑な形状を大量生産するのに適した加工法です。

軟鋼と硬鋼の使い分け

軟鋼と硬鋼の境界の炭素量0.3%は、規格で定められているものではなく、使い勝手の区分で、材料を硬く粘り強くする「焼入れと焼戻しの可・否基準」と「溶接の適・不適の判断基準」になります。

炭素量が0.3%以上の鋼材でなければ、焼入れ・焼戻しの効果が効きません。

すなわち焼入れ・焼戻しをおこなうには硬鋼でなければなりません。

また溶接をおこなう場合には、加熱により高温になるため、炭素量0.3%以上の鋼材では溶接と同時に焼入れ効果により溶接部近辺が硬くなってしまうのです。硬くなると同時にもろくなり強度が下がるという問題と、溶接をおこなうと熱ひずみが生じるので、溶接後にこのひずみを加工で除去する際に、焼入れによる硬さで加工しにくくなることが弱点になります。そのため溶接する材料は、焼入れ効果があらわれない炭素量が0.3%以下の軟鋼が適しています。

加工性についての補足

先の図3.4の中で示した「加工性」について補足します。炭素量が多くなるほど硬くなるので加工はやりにくくなります。そのため客観的につかめるように、炭素量が増えるほど（左から右に向かって）、加工性は悪くなる図であらわしています。

その一方、炭素量が少ないと軟らかく粘り強くなるため、加工時に切りくずの一部が工具の刃先に強く付着し、この付着物が疑似的に切れ刃になってしまう「構成刃先」と呼ばれる現象が発生します。この現象は加工精度の悪化や加工表面が粗くなるといった弊害をもたらします。そのため第6章で紹介する旋盤加工やフライス加工といった切削加工の加工性は、炭素含有量が硬鋼の0.4%前後でもっとも良好になるとされています。すなわち切削の加工性の良さは、0.4%を山頂にした山の形をした図になります。

加える成分による分類と炭素鋼

もうひとつの分類として、加える成分の違いにより「炭素鋼」と「合金鋼」とする分け方があります（**図3.5**）。

鉄と5大元素（炭素とシリコン、マンガン、リン、硫黄）で構成されるのが炭素鋼になります。この炭素鋼は「どの材料商社でも扱っており」「価格も安く」「短納期」「形状と寸法バリエーションも多い」ことが特徴で、とても使い勝手のよい材料です。

5大元素の炭素C、シリコンSi、マンガンMnは強度を向上させる役割がありますが、リンPと硫黄Sは有害成分になります。本来ゼロが理想なのですが、製法上どうしても入ってしまうため、リンと硫黄の成分は「○%以下」というように上限値の制約になっています。

炭素鋼の代表的な材料には、「SS400」（一般構造用圧延鋼材）や、「S45C」（機械構造用炭素鋼鋼材）があります（次の3.3項で解説）。

高価な合金鋼

炭素鋼にクロムCrやニッケルNi、モリブデンMoといった元素を添加したものが合金鋼になります。炭素鋼よりも頑丈さが必要なときや、さびにくさや耐熱性を求める場合に採用します。合金鋼の代表的な材料には、ステンレス鋼やクロモリ（クロムモリブデン）鋼などがあります（3.4項で解説）。

「特別な性質をもっている」反面、「価格は高く」「納期もかかり」「形状と寸法のバリエーションも少ない」ので、炭素鋼では満たされない場合に限って、合金鋼の採用を検討します。

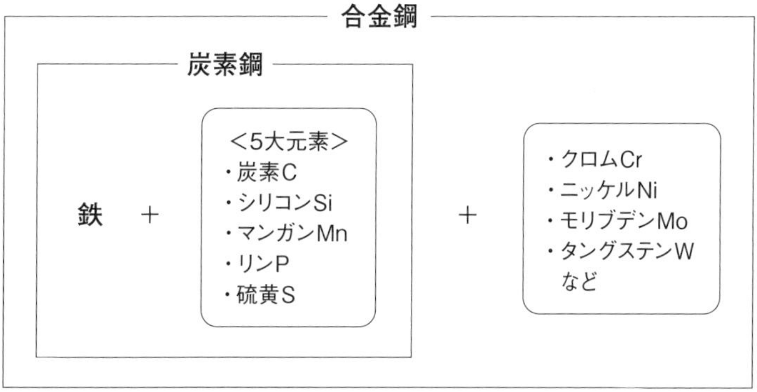

図3.5　炭素鋼と合金鋼

3.3 汎用材の炭素鋼

主要な炭素鋼は4種類

ここから炭素鋼の特徴を見ていきましょう(図3.6と図3.7)。

JISでは、主要な炭素鋼として4種類が規格化されています。炭素の含有量で区分けされており、SPC材(冷間圧延鋼板)、SS材(一般構造用圧延鋼材)、S-C材(機械構造用炭素鋼鋼材)、SK材(炭素工具鋼鋼材)です。

材料名称には、英語の頭文字でのJIS記号と和名表示があります。実務ではJIS記号を用いるので、本書ではJIS記号を優先させて、和名はカッコ書きで参考表記します。

SPC材は炭素含有量が0.1%以下で、炭素鋼の中でもっとも軟らかい材料です。一般に3.2mm以下の板材だけの取り扱いになります。

SS材は炭素含有量が0.1~0.3%、S-C材は0.1~0.6%で、SS材とS-C材の双方

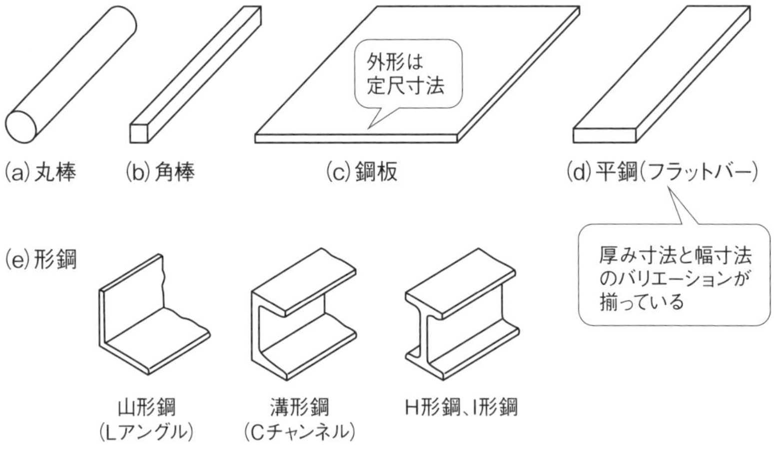

図3.6 市販の鉄鋼材料の各種形状

ともに適度な硬さをもつ材料です。市場ニーズも高いため、板材だけではなく丸棒や四角棒、六角棒などさまざまな断面の形状が揃っています。

SK材は0.6〜1.5%と炭素鋼の中では炭素量が多く、硬くて耐摩耗性のある材料です。その反面、硬いので加工しにくく、市販品の形状のバリエーションも少なく、主に板材（平鋼）と丸棒の取り扱いだけになります。

では、これらの炭素鋼の特徴を順に見ていきましょう。

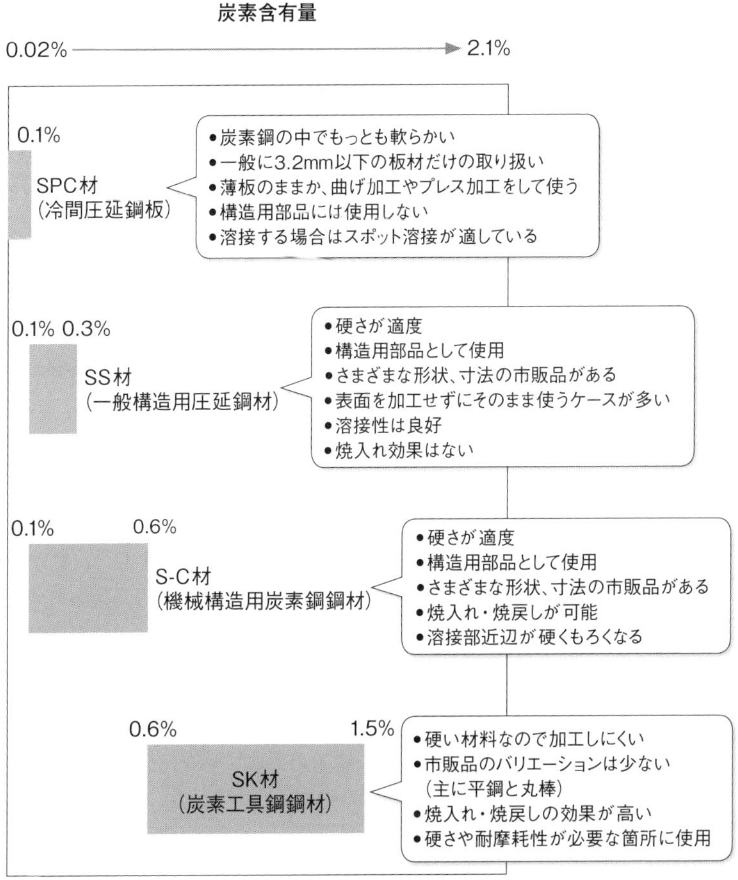

図3.7　炭素鋼の分類と特徴

薄板のSPC材（冷間圧延鋼板）

炭素量が一番少ない炭素鋼はSPC材（冷間圧延鋼板）です。SPCはSteel（鋼）、Plate（板）、Cold（冷間）の略称になります。

冷間圧延した鋼板なので、表面はきれいでなめらかな「ミガキ材」です。軟らかい材料なので、力が加わる構造部品には適さず、市販されている形状も、通常厚さが0.4～3.2mmの薄板材だけで、丸棒や角棒の取り扱いはありません。

SPC材の品種には、含有する成分の量や引張強さの違いにより、主にSPCC、SPCD、SPCEが使われています（**図3.8**）。

この中でもっともよく使われる品種はSPCCです。板厚みのバリエーションは、1.0/1.2/1.6/2.0/2.3/3.2mmが標準寸法になります。きれいでなめらかな面を活かして平板のまま使うか、曲げ加工をして用います。

身近では冷蔵庫や洗濯機の扉、モノづくり現場では生産設備のカバーや部品の取り付け板に使われています。SPC材同士を溶接する場合には、すみ肉溶接では大きな熱量による穴あきや熱ひずみが発生しやすいため、スポット溶接が適しています（溶接は第7章7.5項参照）。

SPCDはSPCCよりも炭素含有量が少なく軟らかいので、平板を凹凸に変形させる絞り加工に用いられます。さらに炭素含有量が少ないSPCEはSPCDよりも軟らかいので、直径に対する深さの比が大きな深絞りによる加工に適した材料です（絞り加工は第7章7.1項参照）。

種類の記号	化学成分（含有量、質量%）				引張強さ
	炭素C	マンガンMn	リンP	硫黄S	N/mm^2
SPCC	0.15以下	1.00以下	0.100以下	0.035以下	設定なし
SPCD	0.10以下	0.50以下	0.040以下	0.035以下	270以上
SPCE	0.08以下	0.45以下	0.030以下	0.030以下	270以上

注）SPCF、SPCGは省略。JIS G 3141：2017。各データは参考値。

図3.8　主なSPC材の化学成分と引張強さ

もっとも汎用性のあるSS材（一般構造用圧延鋼材）

鉄鋼材料の中で一番よく使われている材料がSS材です。形状と寸法のバリエーションがすべて揃っており、安価で即納なので使いやすいことが特徴です。

SSはSteel（鋼）とStructure（構造用）の略称で、構造用部品に適しています**（図3.9）**。このSS材の特徴は、JISで炭素含有量の規定がないことです。その代わりに、引張強さの大きさが規定されており、SSにつづく3桁数値が、この引張強さの最小保障値（単位はN/mm^2）を意味します。

JISでは4品種の規格がありますが、実務ではデファクトスタンダード（業界標準）によりSS400の1品種に絞り込まれています。旧JISでは「SS41」と呼ばれていました。これは当時の単位が重力単位系であったため、引張強さ41kgf/mm^2をあらわしています。これがSI単位系になることで、$41kgf/mm^2 \times 9.8 \fallingdotseq 400N/mm^2$からSS400に変わりました。

SS材は表面が良好なので、材料表面はできるだけ加工せずに素地のまま使います。SS材に限らず、表面を加工すると内部応力（材料内部にひそんでいる力）のバランスが崩れて反りの発生するリスクが高まるためです。

SS材は加工しやすく、溶接にも適しています。ただし炭素含有量は0.3%以下なので、熱処理の焼入れ・焼戻しの効果は得られません。

種類の記号	化学成分（含有量、質量%）			降伏点	引張強さ
	炭素C	マンガンMn	リンPと硫黄S	N/mm^2	N/mm^2
SS330	設定なし	設定なし	0.050以下	205以上	330～430
SS400				245以上	400～510
SS490				285以上	490～610
SS540	0.30以下	1.60以下	0.040以下	400以上	540以上

注）各データは厚さ、径、辺または対辺距離が16mm以下の参考値。JIS G 3101：2015。

図3.9　SS材の化学成分と引張強さ

SS材の次によく使われるS-C材（機械構造用炭素鋼鋼材）

S-C材も形鋼以外の形状バリエーションが揃っている便利な汎用材です。S-CはSteel（鋼）とCarbon（炭素）の略称で、炭素の含有量を100倍した2桁数値がSとCの間に入ります（**図3.10**）。JISでは「S10C」から「S58C」まで20品種あります。よく使われるS45Cの炭素量は0.45％です。

SS材と同じく加工性のよい材料で、炭素含有量が0.3％を超えるS-C材は、焼入れ・焼戻しも可能です。また溶接も可能ですが、溶接の熱で焼きが入ることで硬くもろくなるため強度が下がるうえに、溶接箇所の周辺は加工しにくくなることが弱点です。

なお先の図3.7でひとつ不自然な点に気づかれたかと思います。S-C材の炭素含有量の0.1～0.3％が、SS材の炭素含有量と重なっている点です。

これは第8章8.2項の熱処理で解説しますが「浸炭焼入れ」といって炭素含有量0.1～0.3％の領域のS-C材を使って、表面だけに炭素を浸み込ませて焼入れ・焼戻しをおこなう場合に用います。

<table>
<tr><th rowspan="2">種類の記号 注1)</th><th colspan="3">化学成分（含有量、質量％）</th><th>降伏点 注2)</th><th>引張強さ 注2)</th></tr>
<tr><th>炭素C</th><th>シリコンSi</th><th>マンガンMn</th><th>N/mm^2</th><th>N/mm^2</th></tr>
<tr><td>S10C</td><td>0.08～0.13</td><td rowspan="7">0.15～0.35</td><td rowspan="2">0.30～0.60</td><td>205以上</td><td>310以上</td></tr>
<tr><td>S20C</td><td>0.18～0.23</td><td>245以上</td><td>400以上</td></tr>
<tr><td>S30C</td><td>0.27～0.33</td><td rowspan="5">0.60～0.90</td><td>285以上</td><td>470以上</td></tr>
<tr><td>S40C</td><td>0.37～0.43</td><td>325以上</td><td>540以上</td></tr>
<tr><td>S45C</td><td>0.42～0.48</td><td>345以上</td><td>570以上</td></tr>
<tr><td>S50C</td><td>0.47～0.53</td><td>365以上</td><td>610以上</td></tr>
<tr><td>S58C</td><td>0.55～0.61</td><td>390以上</td><td>650以上</td></tr>
</table>

注1）計20種類の中から7種類を抜粋。すべてリンPは0.03％以下、硫黄Sは0.035％以下。
注2）JIS G 4051：2016には降伏点と引張強さの規定はなし。各データは焼ならしの参考値。

図3.10　主なS-C材の化学成分

硬くて耐摩耗性に優れるSK材（炭素工具鋼鋼材）

炭素鋼の最後に紹介するSK材は、炭素含有量が0.6～1.5%で、炭素鋼の中でもっとも硬い材料です。SKは、Steel（鋼）と日本語のKougu（工具）を合わせた略称です。S-C材と同じく炭素量の100倍の2桁数値がSKの次に入ります。旧JISではSK1～SK7の通し番号で表記していました（**図3.11**）。

SK材の中で代表的な「SK95」（旧SK4）は炭素含有量が0.95%なので、相当に硬くて加工しにくい材料です。そのため一般の構造用部品として使用することは少なく、硬さや耐摩耗性が必要な箇所に使用されます。焼入れ・焼戻しをおこなうと、耐摩耗性がさらに向上します。

ただし耐熱性の低いことが弱点で、使用温度の上限の目安は200℃程度です。これよりも高温になると焼きが戻り、硬さが低下します。和名に「工具鋼」とありますが、高温になる工具には使用されません。そのため市販されている工作機械用のバイトやエンドミルといった工具は、後述する合金鋼でつくられています。

種類の記号注1)	旧記号（参考）	化学成分（含有量、質量%）			焼入れ・焼戻し硬度の目安（HRC）注2)
		炭素C	シリコンSi	マンガンMn	
SK140	SK1	1.30～1.50			63以上
SK120	SK2	1.15～1.25			62以上
SK105	SK3	1.00～1.10			61以上
SK95	SK4	0.90～1.00	0.10～0.35	0.10～0.50	61以上
SK85	SK5	0.80～0.90			59以上
SK75	SK6	0.70～0.80			57以上
SK65	SK7	0.60～0.70			56以上

注1）SK90、SK80、SK70、SK60は省略。すべてリンPと硫黄Sは共に0.03%以下。
注2）JIS G 4401：2009に硬度の規定はなし。各データは焼入れ・焼戻しの参考値。

図3.11　主なSK材の化学成分と硬度

3.4 用途が限定される合金鋼

合金鋼の全体像

炭素鋼の次に、合金鋼について解説します。合金鋼は炭素鋼にクロムCrやニッケルNi、モリブデンMo、タングステンW、コバルトCoといった成分を添加したものです。これによって引張強さや耐摩耗性、焼入れ性、耐熱性などが炭素鋼よりも向上します。

ただし添加する成分のコストや製造プロセスが増えるので、炭素鋼に比べて高価です。そのうえ形状や寸法のバリエーションも少なくなるため、加工のコストも高くなりがちです。

このように使用条件が厳しいので、合金鋼は「炭素鋼では目的を果たせない場合」や「高価な合金鋼を使う効果がコストに見合う場合」に採用します。合金鋼の種類には、さびにくい「ステンレス鋼」、強度に優れた「機械構造用合金鋼鋼材」、硬くて耐摩耗性と耐熱性に優れた「高速度工具鋼鋼材」、引張強さが高く絞り加工もしやすい「高張力鋼（ハイテン鋼）」などがあります（**図3.12**）。

合金の種類	特 徴
ステンレス鋼(SUS材)	耐食性(さびに強い)
機械構造用合金鋼鋼材 (SCr材、SCM材、SNC材、SNCM材)	強度の向上、焼入れ性向上
合金工具鋼鋼材(SKS材、SKD材、SKT材)、 高速度工具鋼鋼材(SKH材)	耐摩耗性、耐熱性
高張力鋼(ハイテン鋼)	圧倒的な引張強さ
その他の合金鋼(ばね鋼、SUJ材)	広い弾性範囲や耐摩耗性

図3.12　合金鋼の種類と特徴

さびにくいステンレス鋼SUS

炭素鋼にクロムCrが10.5%以上入った合金鋼がステンレス鋼です。台所の流し台（シンク）や包丁など身近な製品に多く用いられています。

「ステイン（Stain）汚れ」と「レス（Less）なし」の意味からステンレスと呼ぶように、最大の特徴はなんといってもさびに強い「耐食性《たいしょくせい》」です。クロムと酸素が結びついた不動態皮膜と呼ぶ緻密な酸化皮膜が材料表面をしっかりと覆い、保護膜の役割を果たしてさびを防ぎます。

さびの防止には、炭素鋼表面をめっき処理する方法もありますが、めっきは衝撃や摩耗により剥がれるリスクがあります。これに対してステンレス鋼の表面を覆う不動態皮膜の厚みは1ナノメートル（1mmの百万分の1）ときわめて薄いのですが、衝撃や摩耗で剥がれることがあっても瞬時に、そして何度でも自己再生します。また膜厚が非常に薄く透明なので、材料の美しい地肌を損ないません。これらが、めっき処理より高価であっても、ステンレス鋼を使うメリットになります。

ただし「もらいさび」がステンレス鋼の弱点です。ステンレス製シンクの上に空き缶などを放置していると、空き缶に発生した赤さびが不動態皮膜を破壊してステンレス鋼に移ってしまうのです。そのためシンクの取扱説明書に、ぬれた包丁などの金属を放置しないことが必ず明記されています。

主なステンレス鋼は3分類

ステンレス鋼の分類において、専門書ではマルテンサイト系やフェライト系といった「金属組織の分類」が多いのですが、ここでは理解しやすい「成分による分類」を紹介します。

クロムCrとニッケルNiの含有率により「18-8系ステンレス」「18Cr系ステンレス」「13Cr系ステンレス」の3分類に分かれます。この表記はとてもわかりやすく、18-8系ステンレスは鉄に「クロムCr18%とニッケルNi8%」、18Cr系ステンレスは「クロムCrのみ18%」、13Cr系ステンレスは「クロムCrのみ13%」が含有されています（**図3.13**）。

クロムCrやニッケルNiは高価な成分なので、この3分類を比較すると、18-8系ステンレス鋼は高級品、18Cr系ステンレス鋼は並品、13Cr系ステンレスは低価格品がイメージしやすいと思います。

18-8系ステンレス鋼は、磁石がつかない非磁性が特徴です。これに対して18Cr系ステンレス鋼や13Cr系ステンレス鋼には磁性があります。さびにくさの耐食性がもっとも高いのは18-8系ステンレス鋼で、18Cr系ステンレス鋼、13Cr系ステンレス鋼の順に耐食性は低下します。

分類	主な品種	化学成分（%）		磁性	耐食性	硬さ	価格
		クロムCr	ニッケルNi				
18-8系	SUS304	18%	8%	なし	高	中	高
18Cr系	SUS430	18%	——	あり	中	中	中
13Cr系	SUS410	13%	——	あり	低	大	低

図3.13　ステンレス鋼の特徴

ステンレス鋼の特徴

18-8系ステンレス鋼の中で代表的な品種が「SUS304」（サス・サンマルヨンと呼ぶ）で、ステンレス鋼の生産量の半分以上を占めます。耐食性が抜群に高いので、日用品から機械部品まで広く使われるオールマイティーな材料です。その一方、硬くて粘り強いために加工性が悪く、加工者泣かせの材料です。

もし加工性が問題となる場合には、同じ18-8系ステンレス鋼で快削ステンレス鋼と呼ばれる「SUS303」（サス・サンマルサンと呼ぶ）を試してみるのもひとつの方法です。リンPと硫黄Sを加えることで粘りを抑えて、加工性を向上させた材料です。ただしSUS304より耐食性と溶接性が劣ります。

18Cr系ステンレス鋼でよく使われるのが「SUS430」（サス・ヨンサンマルと呼ぶ）です。安価で加工しやすく、食器類などに使われます。

13Cr系ステンレス鋼の特徴は硬さです。焼入れにより、さらに硬くすることができます。代表的な「SUS410」は、焼入れ・焼戻しの参考値で、耐力345N/mm^2、引張強さ540N/mm^2以上になります。耐食性は18-8系ステンレス鋼には劣るものの、硬くて摩耗に強いので包丁などの刃物に使われます（**図3.14**）。

分類	主な品種	耐力（降伏点と同義）	引張強さ	伸び	硬さ
		N/mm^2	N/mm^2	%	HBW
18-8系	SUS304	205以上	520以上	40以上	187以下
18Cr系	SUS430		420以上	22以上	183以下
13Cr系	SUS410		440以上	20以上	201以下

注）JIS G 4304：2012参照。各データは参考値。

図3.14　主なステンレス鋼の機械的性質

機械構造用の炭素鋼と合金鋼の比較

製品や生産設備の構造部品に使う材料を選ぶ際、まずは先に紹介したSS400やS45Cといった炭素鋼を検討します。多くの場合はこの炭素鋼で対応できますが、これらの品種では強度を満たさない場合に、合金鋼の「機械構造用合金鋼鋼材（以下鋼材は省略）」を検討します。

鉄鋼材料の強度は主に炭素の含有量で決まります。炭素鋼と機械構造用合金鋼の炭素含有量は同レベルですが、合金鋼の強度が高いのは、熱処理の焼入れ・焼戻しによる効果の大きさにあります。

機械構造用合金鋼は、機械構造用炭素鋼にクロムCrやニッケルNi、モリブデンMoなどを加えた材料です。これらの元素の存在が焼入れ・焼戻しの効果を増大させ、硬さとともに降伏点と引張強さを高めます。つまり熱処理していない合金鋼の機械的性質は炭素鋼と変わらず、熱処理をしてはじめて高価な合金鋼を使う意味がでてきます。

JISハンドブックに示されている機械構造用合金鋼の機械的性質のデータは、

焼入れ・焼戻しをおこなったあとの数値になっているのは、こうした理由からです。ただし焼入れ・焼戻しをおこなっても、剛性（変形のしにくさ）は炭素鋼も合金鋼も同じです。

機械構造用合金鋼の焼入れ性

機械構造用合金鋼は「焼入れ性」がよいという特徴もあります。焼入れ性には、どれだけ硬くなるかという「硬さ」と、材料表面からどれくらい深く焼きが入るのかの「深さ」の2面があります。炭素鋼のS-C材では、材料が大きいと熱量が多いので冷却スピードが遅くなり、中心部までしっかりと焼きが入りません。これに対して焼入れ性の高い機械構造用合金鋼では、大きな材料でも中心部までしっかり焼きを入れることができます。

以上のように「強度を向上させたい場合」や「大きなサイズの焼入れ性を向上させたい場合」に、機械構造用合金鋼を用います（**図3.15**）。

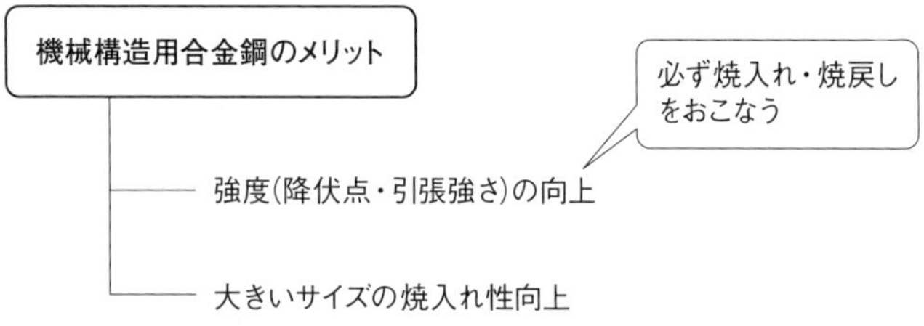

図3.15　機械構造用合金鋼のメリット

機械構造用合金鋼の主な種類と特徴

機械構造用合金鋼は、機械構造用炭素鋼に添加する元素によっていくつかの種類があります（**図3.16と図3.17**）。JIS記号は、「S」（Steel、鋼）の次に主要な元素記号がつきます。クロムCrを加えたSCr材（クロム鋼）や、クロム鋼にモリブデンMoを加えたSCM材（クロムモリブデン鋼）があり、SCM材は略して「クロモリ」の名称で知られています。

その他にはニッケルNiとクロムCrを加えたSNC材（ニッケルクロム鋼）や、SNC材にモリブデンMoを加えたSNCM材（ニッケルクロムモリブデン鋼）などがあります。

SCr材は焼入れ性が向上し、ベアリングや歯車、ピンなどの小物機械部品に使われます。SCM材は、SCr材よりもさらに焼入れ性に優れています。強度と粘り強さも増すので自転車のフレームや自動車部品、六角穴付きボルトなどにも使われます。

SNC材は粘り強さを向上させた材料です。車軸やシャフト、歯車などに使われます。SNCM材は機械構造用合金鋼の中でもっとも機械的性質に優れた材料です。ニッケルNiが入り高価なため、SCr材やSCM材で設計条件を満たさないときにSNC材とSNCM材の使用を検討します。

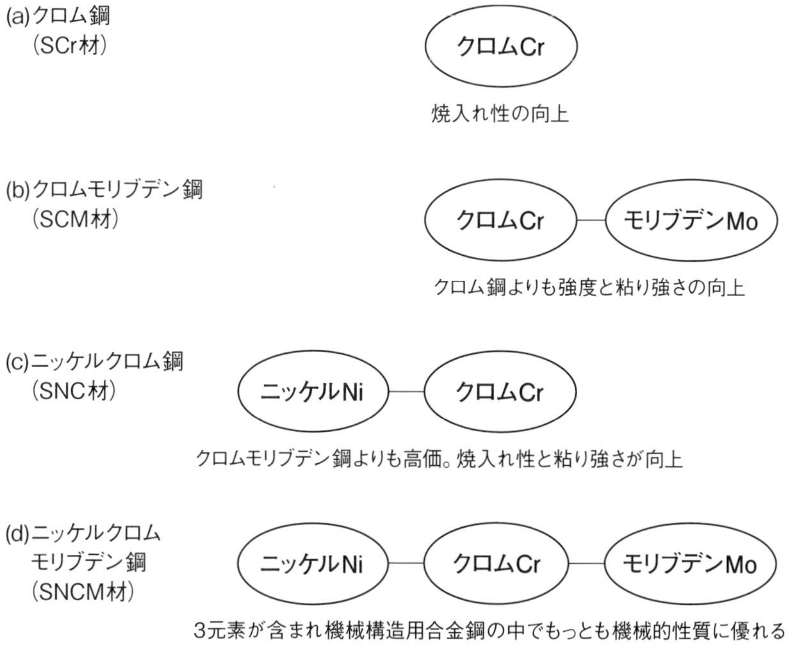

図3.16　主な機械構造用合金の添加元素と特徴

種類の記号	降伏点	引張強さ	硬 度	用 途
	N/mm^2	N/mm^2	HBW	
SCr420	―	830以上	235～321	ベアリングや歯車、ピンなど
SCM435	785以上	930以上	269～331	自転車のフレームや自動車部品など
SNC415	―	780以上	235～341	車軸やシャフト、歯車など
SNCM439	885以上	980以上	293～352	ボルトやシャフト、自動車部品など

注）主な品種を抜粋。各データは参考値。

図3.17　主な機械構造用合金鋼の機械的性質

工具に適した合金工具鋼

工具に使用される材料が「合金工具鋼鋼材」と「高速度工具鋼鋼材」です。工具に加えて治具、金型として用いる合金鋼で、十分な硬さと耐摩耗性をもっています。工具鋼には炭素鋼のSK材（炭素工具鋼鋼材）がありますが、高温になると硬度が大きく低下するので実際には工具には使用されません。それに対して耐熱性のある合金工具鋼鋼材と高速度工具鋼鋼材は工具に適しています。ただし工具にするくらい硬いので、この材料自体の加工性はよくありません。

合金工具鋼鋼材は、炭素鋼にクロムCrやモリブデンMo、タングステンWやバナジウムVなどの元素を添加した合金鋼です。炭素工具鋼に比べて、焼入れ性や切削性、耐衝撃性、耐摩耗性、耐熱性などを改善しており、SKS材、SKD材（ダイス鋼など）、SKT材などがあります。

高速度工具鋼鋼材（SKH材）は、5大元素以外にCrやMo、W、V、コバルトCoなどを多く添加した合金鋼です。摩擦熱による高温に耐えられるので、高速切削に適しており、高速すなわちハイスピードを縮めて「ハイス」の略称で知られています。硬さと同時に粘り強さ、熱に対する安定性などが求められるエンドミルやドリルなどの切削工具や金型などに使われます。

その他の合金鋼には、弾性範囲が広くばねに適したSUP材（ばね鋼材）や、硬くて耐摩耗性が高いSUJ材（高炭素クロム軸受鋼鋼材）などがあります。

クルマのボディに使われるハイテン鋼

ハイテン鋼で知られている高張力鋼は、高炭素鋼にシリコンSiやマンガンMn、チタンTiなどを添加した合金鋼です。その名のとおり、高い引張強さをもつ材料です。炭素鋼SS400の引張強さは400N/mm^{2}ですが、ハイテン鋼はその2倍以上の800～1000N/mm^{2}になります。

ハイテン鋼の明確な定義はありませんが、一般には500N/mm^{2}を超えるとハイテン鋼と呼ばれるケースが多く、1000N/mm^{2}を超えると「超ハイテン鋼」とも呼ばれます。この強さを活かして、クルマのボディ用鋼板に用いられます。板厚を薄くできるので、車体の軽量化を図り、燃費を向上できるメリットがあるからです。引張強さが高いと同時に、プレス加工する際に割れたりしわが寄らない軟らかさと、衝突した際にその衝撃を吸収する強さももち合わせているので、ボディ用鋼板にうってつけです。クルマ以外にも、ビルやガスタンクなどの巨大構造物にも使用されています。

製造には高度な技術が必要で、成分や製法は秘中の秘です。生産設備や治工具の材料に使う機会はありませんが、今後のさらなる進歩が期待される材料です。

3.5 鋳物に使用する鋳鉄

鋳造と鋳鉄

鉄鋼材料の最後の紹介は鋳鉄です。材料を溶かして液体状態にして、空洞をもった型に流して、冷えて固まれば完成する加工法を鋳造といいます。鋳造でできたものを鋳物と呼び、鋳物の材料には鉄鋼材料の鋳鉄だけでなく、鋳物用のアルミ材料も使われます（鋳造は第7章7.2項参照）。

鉄鋼材料で用いられるのが、炭素含有量が2.1％以上の鋳鉄です。マンホールの蓋はこの鋳鉄でつくられています。最近ではご当地のイラストが入ったマンホールの蓋をよく見かけます。これを切削加工でつくるのは至難のわざですが、鋳物なら大量生産もお手のものです。

鋳鉄の特徴

鋳鉄に求められる性質は、溶けやすくて、複雑な型形状でも隅々までしっかりと流れることです。鉄鋼材料は炭素量が多くなるほど、溶ける温度（融点）は低くなります。一般的な炭素鋼は1500℃以上に加熱しなければ溶けませんが、炭素の含有量が2.1％以上の鋳鉄は1200℃程度で溶けはじめます。

炭素を多く含む鋳鉄ですが、固体になると溶けきれない炭素（これを黒鉛という）が出てきます。この黒鉛により圧縮強さや耐摩耗性が向上し、振動を吸収するといった利点があります。

一方、黒鉛という異物が入った状態になるので、軟鋼や硬鋼と比べてもろさの原因のひとつになっています。

炭素鋼や合金鋼は引張強さも圧縮強さもほぼ同じ大きさですが、鋳鉄の圧縮強さは、引張強さの3～4倍になります。

鋳物用のFC材とFCD材

鋳鉄にはFC材（ねずみ鋳鉄品）とFCD材（球状黒鉛鋳鉄品）の2種類があります**（図3.18）**。FC材が並品、FCD材が高級品のイメージです。

FCとFCDにつづく3桁の数字は引張強さをあらわします。この表記方法はSS材（SS400など）と同じで、「FC250」は引張強さ250N/mm^{2}になります。一見SS400の400N/mm^{2}と比べて低い数字に見えますが、鋳鉄は引っ張りではなく圧縮で使用するので、JIS記号の数値の3～4倍にあたる強さといえます。

鋳鉄は硬くて耐摩耗性が良好で振動吸収性能もよいので、工作機械のテーブルに適しています。振動吸収性能とは、振動を受けてからどのくらいで収まるのかを示したモノサシです。機械加工では工具に大きな衝撃が加わるので、振動を抑える性能は加工精度の維持に好都合です。

FC材よりも強さや耐摩耗性が必要な際には、FCD材が適しています。黒鉛の形状がFC材では板状や棒状なのに対して、FCD材では球状になるので、和名も球状黒鉛鋳鉄品になっています。これによりFC材よりも強度が増すと同時に、粘り強さにも優れた性質をもちます。

種類	種類の記号	引張強さ	硬度
		N/mm^2	HBW
ねずみ鋳鉄品	FC200	200以上	223以下
	FC250	250以上	241以下
球状黒鉛鋳鉄品	FCD450	450以上	140～210
	FCD600	600以上	170～270

注）主な品種を抜粋。JIS G 5501：1995、JIS G 5502：2007。各データは参考値。

図3.18　主な鋳鉄品の機械的性質

Column

たたら製鉄と日本刀

身の回りで使われている鉄ですが、5000年前の首飾りに鉄が使われていたと聞くと驚いてしまいます。日本では縄文時代の後期くらいでしょうか。宇宙から落下してきた隕石から鉄を取り出していたことは、成分の分析結果から明らかになっています。また山火事により鉄鉱石から溶け出した鉄を発見したという説もあり、偶然の賜物《たまもの》とはいえ、すごいことだと思います。

日本での製鉄といえば、日本独自の「たたら製鉄」があります。現代の高炉メーカーの製鉄法はヨーロッパで開発されたもので、原材料に「鉄鉱石」と「石炭」を用いますが、たたら製鉄では「砂鉄」と「木炭」を用いるので、良質の砂鉄がある中国地方（鳥取県や島根県）が、製鉄の中心になりました。たたら製鉄でつくり出す鉄は不純物がきわめて少ない最高レベルの品質なので、日本刀はすべてこの鉄を用いています。

さらに驚くことに日本刀は、炭素量が少なく軟らかい鋼を炭素量が多く硬い鋼で包み込む二重構造になっています。すなわち刃先は硬く、大きな衝撃は軟らかな内部が受け止めてくれるのです。第8章で紹介する焼入れ・焼戻しにより、さらにこの特徴が引き出されるので、日本刀は互いに打ち合っても刃こぼれはおこらず、決して折れることもありません。

しかし、このたたら製鉄にも弱点があり、原材料の砂鉄は川や山を掘りおこして採取し、木炭にする木を切り倒すので山が次々に丸裸になることから、土砂崩れといった大きな災害にもつながり、大量生産には向きませんでした。現代のたたら製鉄は、年に数回おこなわれるだけの神事になっています。

技術が結晶した日本刀ですが、製造技術の伝承が途絶えたために、博物館に展示されている平安・鎌倉時代の名刀を、いまは誰一人製作することができません。そのことからも技術の奥深さを実感します。

材料編

第4章

非鉄金属材料と非金属材料

4.1 軽さのアルミ合金

アルミ合金の全体像

本章では鉄鋼材料以外の「非鉄金属材料」としてアルミニウム合金（以下、アルミ合金）、銅合金、チタン合金、マグネシウム合金を、また金属以外の「非金属材料」としてプラスチックとセラミックスについて紹介します。これら材料の性質は、鉄鋼材料と比較することで理解が進みます。

アルミ合金は鉄鋼材料に並んで身近な金属です。1円玉や飲料缶の多くはアルミ合金製です。家屋のアルミサッシなどにも使われています。

アルミニウムはボーキサイトという鉱物から酸素を離して取り出します。これは鉄鉱石から酸素を離して鉄を取り出すのと同じですが、酸素と結びつく力が非常に強いため、ボーキサイトから酸素を切り離す電気分解には大きな電力が必要となります。つまりアルミ合金の製造コストは鉄鋼材料に比べて割高です。その一方、リサイクル効率がよい材料で、リサイクルに必要なエネルギーは、新規でつくる際の3%で済み97%もの削減になります。

では鉄鋼材料に次ぐ生産量を誇るアルミ合金の優れた性質を順に見ていきましょう（**図4.1**）。

鉄より軽くてさびにくい性質

アルミ合金の特徴をひと言でいうと「軽くてさびにくい」ことです。質量の程度をあらわす密度を比較すると、アルミ合金は1cm^3の立方体で2.70g、鉄鋼材料は7.87gなので、約3分の1の軽さです。またアルミ合金はステンレス鋼と同じように、自然に表面に酸化皮膜が形成さ、耐食性《たいしょくせい》（さびにくさ）に優れています。ただしこの酸化皮膜は非常に薄いため、塩分や酸性やアルカリ性には弱いことが弱点で、その対応策が表面処理の「アルマイト」です。アルマイトは、自然につくられた薄い酸化皮膜の上に、人工的に酸化皮膜を形成し膜厚を厚くすることで、耐食性を向上させています。

性質	単位	アルミニウム（A5052）	鉄（SS400）
密度	g/cm^3	2.70	7.87
引張強さ	N/mm^2	260	400
硬さ	HV	60前後	120前後
縦弾性係数	$\times 10^3 N/mm^2$	71	206
導電率	$\times 10^6 S/m$	37.4	9.9
線膨張係数	$\times 10^{-6}$/℃	23.5	11.8
熱伝導率	W/（m・k）	237	80
融点	℃	600	1530

図4.1　アルミニウムと鉄の比較

熱に対する性質

注意が必要なのは温度変化に対する性質です。熱による伸びやすさをあらわす線膨張係数を比較すると、鉄鋼材料SS400の11.8×10^{-6}/℃に対して、アルミ合金「A5052」は23.5×10^{-6}/℃と約2倍です。すなわち同じ条件ではアルミ合金は鉄鋼材料の約2倍の伸び量が発生します。高い寸法精度が求められる場合には、温度差による伸び量を設計段階で確認しておくことが大切です。

熱の伝わりやすさをあらわす熱伝導率は、銀や銅についで高い材料です。鉄鋼材料SS400の80W/（m・k）に対して、アルミ合金A5052が237W/（m・k）と、約3倍の伝わりやすさをもっています。銀と銅より安価なので、たとえば放熱板といった熱を逃がしたい部品の材料に、アルミ合金がよく使われています。

なお使用温度は200℃が目安です。200℃を超えると、強さが一気に下がってしまうからです。

加工性と機械的性質

加工性は非常によい材料です。機械加工の切削性は抜群によく、ほかの材料と比べておもしろいようにサクサク削れます。熱伝導率が高いので加工時に生じる熱が逃げてくれるため、高速加工や大きな切り込みも可能です。

またアルミ合金は融点が低いので、押出し加工にも適しています。押出し加工は、欲しい形状の穴があいた金型に、熱した材料を押し込んでいって長尺製品をつくる加工法です（第7章7.4項参照）。食品の「ところてん」をつくるのと同じイメージで、アルミサッシは代表的な押出し加工品です。

力に対する頑丈さは鉄鋼材料よりも劣ります。変形のしにくさをあらわす剛性を縦弾性係数で比較すると、鉄鋼材料SS400の$206 \times 10^3 N/mm^2$に対して、アルミ合金A5052は$71 \times 10^3 N/mm^2$なので、鉄鋼材料の約3倍の変形が生じます。しかしアルミ合金は弱いと認識するのではなく、第2章2.2項で紹介したように、断面形状を工夫して断面二次モーメントを増やすことで、軽さを維持したまま頑丈さをもたらすことができます。

また破損のしにくさをあらわす強度（降伏点と引張強さ）も鉄鋼材料より劣りますが、亜鉛Znとマグネシウム Mgを添加した「超々ジュラルミン」と呼ばれる「A7075」は、鉄鋼材料SS400を越えた引張強さをもっています。

溶接は苦手な材料

溶接はやりにくい材料です。溶接は熱を加えて材料を溶かし一体化する接合方法です。アルミ合金は熱の伝導率が高いので、最初は加えた熱が逃げて材料が溶けてくれません。しかし、いったん溶け出すとアルミ合金の融点は約600℃（鉄鋼材料の融点は約1500℃）と低いので、一気に溶け広がってしまうのです。そのため事前に予熱することや、溶接がはじまれば溶接を進めるスピードを徐々に速めるといった工夫が必要になります。

溶接のしにくさのもうひとつの原因が酸化皮膜です。アルミ合金の酸化皮膜は融点が2000℃と高温のため、この皮膜が溶接を邪魔するのです（**図4.2**）。

軽い（鉄鋼材料の3分の1）	熱は伝わりやすい（鉄鋼材料の3倍）
さびにくい（しかし塩分には弱い）	加工性はよい（サクサク削れる）
熱で伸びやすい（鉄鋼材料の2倍）	溶接はやりにくい（溶接スキルが必要）

図4.2　アルミニウムの特徴

1000系と2000系の特徴

ここからは種類ごとの特徴を見ていきましょう。アルミ合金のJIS（日本産業規格）記号は、Aluminium（アルミニウム）の頭文字「A」に、合金元素の種類を示す4桁の数字がつづきます（**図4.3**）。鋳物用材料には「A」に鋳造の種類の記号がつづきます。

1000系（純アルミニウム）は、純度が99.0%以上のアルミニウム材料です。純度が高いので導電率と熱伝導率はよいのですが、強度が低いので構造部品に使うことはありません。板材は、JIS記号の最後にPlate（板）のPをつけます。A1100の板材なら「A1100P」になります。

2000系（Al-Cu-Mg系）は、銅Cuとマグネシウム Mgとの合金です。銅Cuを添加することで鉄鋼材料と同等の強度をもちます。なお変形が戻らない塑性《そせい》変形がはじまる力の大きさを、鉄鋼材料では降伏点といいますが、アルミ合金では「耐力」といいます。どちらも同じ意味です。

ジュラルミンはこの2000系です。ジュラルミン「A2017」、さらに強度を高めた材料が超ジュラルミン「A2024」になります。軽くて強いので航空機材料としても用いられます。ただし海水に対する耐食性は劣ります。加工性はよいのですが、溶接はほかのアルミニウム合金に比べて難しいため、ねじやリベットを用いて接合します。

記 号	合金の種類	主な特徴
1000系	純Al	純アルミニウム、強度は低い
2000系	Al-Cu-Mg系合金	ジュラルミン、強度が高い
3000系	Al-Mn系合金	深絞り加工に適する
4000系	Al-Si系合金	熱膨張率が小さい、耐摩耗性が高い
5000系	Al-Mg系合金	代表的な合金、耐食性が良好
6000系	Al-Mg-Si系合金	代表的な合金、押出し加工性が良好
7000系	Al-Zn-Mg系合金	超々ジュラルミン、強度に優れる

図4.3　アルミ合金の種類と特徴

5000系と6000系の特徴

5000系（Al-Mg系）は、マグネシウムMgを0.5〜5%添加した合金です。加工性と耐食性に優れた万能タイプです。Mgの含有量が多いと強度が上がるので、構造部品に適しています。代表的なA5000系合金は「A5052」です。

6000系（Al-Mg-Si系）はマグネシウムMgとシリコンSiを添加した合金です。強度や耐食性に優れているので、5000系と同様に構造材料として使われます。押出し加工性にも優れており、板や棒、Lアングルなど市販形状のバリエーションも豊富です。建築用のサッシなどにも多用されます。代表的な6000系合金は「A6063」です。

7000系の特徴

7000系（Al-Zn-Mg系）は亜鉛Znとマグネシウム Mgを添加した合金です。アルミ合金の中でもっとも強度が高い材料です。代表品種の「A7075」は鉄鋼材料の3分の1の軽さで、破損のしにくさである強度は炭素鋼のSS400を超え、「超々ジュラルミン」と呼ばれます。

高価ですが、強度が必要な部品や高精度の加工に適しています。ただし変形のしにくさである剛性は、ほかのアルミ合金と同じです。

この超々ジュラルミンは日本が開発した材料です。戦時中において、戦闘機には急上昇や急旋回によって非常に大きな力が加わるため、頑丈な構造にしなければなりません。海軍の要請を受けた当時の住友金属工業の五十嵐勇研究員がこの超々ジュラルミンを開発し、世界最高水準といわれた零戦に採用されました。時代は変わりましたが、軽くて強い性質を活かして広く活用されています。

鋳物に適した材料

アルミ合金は融点が600℃と低く溶かしやすいので、鋳物材料にも適しています。溶かしたアルミ合金を型に流し込んで冷やして固める鋳造に使われます（図4.4）。

融点が低いだけでなく、溶けた状態でも表面が酸化皮膜で覆われるのでガスを吸収しにくく、流れがよいため薄肉や複雑な形状の鋳物をつくるのに適しています。溶接には邪魔な酸化皮膜ですが、鋳造ではよい役割を果たしています。

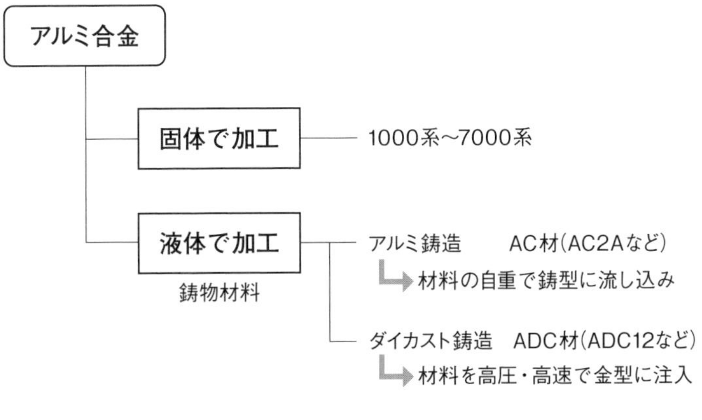

図4.4　アルミ合金の体系

鋳物用のAC材とADC材

溶かして固める鋳造に使用するアルミ合金も、アルミニウムに添加する成分の違いにより品種が分かれます。JIS記号は、材料の自重で鋳型に流し込む鋳物材料は、アルミニウムAluminiumのAと鋳造品CastingのC、これに通し番号であらわします。代表品種は「AC2A」です。

材料の自重ではなく、強制的に圧力を加えて金型に流し込むダイカスト（ダイキャストともいう）用の鋳物材料は、たとえば「ADC12」のように、アルミニウムAの次に、ダイカストDie CastingのDCがつきます。圧力を加えるため、寸法精度や表面粗さもなめらかなことが特徴です。

高速で流し込むために、ADC材はAC材よりも高い流動性をもち、鉄Feを加えることで、金型への焼きつけを防止しています。鋳造のしやすさに加えて機械的性質や加工性に優れた材料です。

各種アルミ合金の機械的性質を**図4.5**に示します。

分 類	JIS記号（通称）	耐 力	引張強さ	硬 度
		N/mm²	N/mm²	HBW
純Al	A1100	35	90	23
Al-Cu-Mg系	A2017 （ジュラルミン）	275	425	105
	A2024 （超ジュラルミン）	325	470	120
Al-Mg系	A5052	215	260	68
Al-Mg-Si系	A6063	145	185	60
Al-Zn-Mg系	A7075 （超々ジュラルミン）	505	570	150
鋳造品	AC2A	―	180以上	75
	ADC12	150	310	86

注）主要な種類を抜粋。各データは参考値。

図4.5　アルミ合金の機械的性質

4.2 銅合金とチタン合金とマグネシウム合金

歴史の古い銅製品

銅Cuは、鉄Feよりも古くから人類が使った金属材料といわれています。銅の溶融温度は約1000℃と鉄の溶融温度約1500℃よりも低いため、自然の銅鉱石から銅を取り出すのは、鉄鉱石から鉄を取り出すよりも容易でした。また黄金色をもつことで工芸品に多用されており、時間が経過すると表面に美しく落ち着いた色調の「緑青《ろくしょう》」が生じるので、装飾性に優れています。

耐食性がよいことも大きな特徴で、寺社仏閣の内装だけでなく、風雨にさらされる屋外の外装にも使われています。紀元前3000年の青銅器時代につくられた装飾品や銅鐸が、きれいなまま現存するほどの優れた耐食性を誇ります。現代ではこうした性質を活かして工業製品にも広く採用されています（**図4.6**）。

性質	単位	銅（黄銅）	鉄（SS400）
密度	g/cm^3	8.92	7.87
引張強さ	N/mm^2	355	400
硬さ	HV	85以上	120前後
縦弾性係数	$\times 10^3 N/mm^2$	103	206
導電率	$\times 10^6 S/m$	59	9.9
線膨張係数	$\times 10^{-6}$/℃	18.3	11.8
熱伝導率	W/（m・k）	398	80
融点	℃	1083	1530

図4.6　銅と鉄の比較

物理的性質と化学的性質を活かす

銅の価格は鉄鋼材料の10倍以上高価なうえに、鉄に比べて1割ほど重くなります。また縦弾性係数（変形のしにくさ）が鉄鋼材料の半分なので、同じ力をかけると鉄鋼材料の2倍のたわみが発生します。そのため機械的性質が求められる構造部品に使用されることはありません。

銅の性質として特筆できるのは、なんといっても電気と熱の優れた伝導性です。このように物理的性質と化学的性質を活かす目的に使用されます。

電気の伝導性に優れる

電気を流す配線と聞けば「銅線」を思い浮かべると思います。電気の流れやすさを示す導電率の高い銅線を使うことにより、電流を流すときのロスを少なくしています。また導電率がさらに優れた銀線ではなく銅線を使うのは、銅の価格は銀の1割程度なので、費用対効果が大きいからです。

ただし高圧電線には銅ではなくアルミ合金が使われています。鉄塔の間に張られた高圧電線を見ると、電線の自重で大きくたわんでいます。もし電線に銅を使うと、その重さを支えるために鉄塔の強度を高めるか、鉄塔の本数を増やさなければならず、大きなコストがかかります。そのため導電率は悪くなるものの、銅よりも軽いアルミ合金を採用しています。同じ電流を流すとすると、銅に比べてアルミ合金では、およそ半分の軽さになります。

熱の伝導性に優れる

銅合金は、熱の伝わりやすさを示す熱伝導率も、鉄鋼材料やアルミ合金よりも優れています。調理器具に使われる銅鍋は熱が伝わりやすく、鍋の底と側面の温度差を小さくできるので、食材を均等に加熱することができます。

ただし機械的強度が必要な場合には、アルミ合金と同じく200℃以下で使用します。高温では軟化してしまうからです。一方、低温には強く、冷やしても耐久性や、破損のしにくさである強度にはほとんど影響がありません。

銅の化学的性質

耐食性に優れた銅ですが、時間の経過とともにさびは生じます。ただしこのさびはステンレス鋼やアルミ合金と同じく保護膜となる良性の酸化皮膜です。海水に対しても高い耐食性があります。日本の現在の硬貨もアルミ合金の1円玉を除けば、すべて耐食性に優れた銅合金が材料になっています。

さびは時間とともに変化し、はじめは「赤褐色」の酸化第一銅、次に「黒褐色」の酸化第二銅、そして「緑青色」の塩基性炭酸銅や塩基性硫酸銅になります。緑青は見た目の美しさが魅力で、鎌倉の大仏やニューヨークの自由の女神は、この緑青に覆われています（**図4.7**）。

さびにくい（塩分にも強い）	黄金色と緑青が魅力（工芸品にも多用）
電気が流れやすい（銅線として活躍）	重たい（鉄鋼材料の1割増し）
熱も伝わりやすい（鉄鋼材料の5倍）	価格が高い（鉄鋼材料の10倍以上）

図4.7　銅の特徴

純銅のタフピッチ銅

ここからは「純銅」と「銅合金」の特徴と主な用途を見ていきましょう。銅のJIS記号はCopper（銅）の頭文字「C」に4桁の数字がつづきます。

銅の含有量が99.90％以上の「純銅」は導電率や熱伝導率が高いので、銅線や電子機器の材料に使われます。同じ純銅でも、製造過程で残存する酸素の量によって「タフピッチ銅」「りん脱酸銅」「無酸素銅」の3種類に分かれます。

タフピッチ銅「C1100」は、導電率が高く耐食性や加工性もよいので、電気配線として広く使われています。酸素の含有量が0.02～0.05％前後と純銅の中で一番多いので、600℃以上に加熱すると材料内に残存している酸素と水素が反応して水蒸気を発生させ、これが材料をもろくさせて亀裂を生じさせる危険性（これを水素脆性《ぜいせい》という）があります。

りん脱酸銅と無酸素銅

水素脆性への対策として、リンPで酸素を除去した材料が「りん脱酸銅」（C1220など）です。リンが若干残るものの、酸素の含有量は0.01%程度と少なくなるので加熱で水蒸気が発生しません。ただしタフピッチ銅に比べて導電率は劣ります。高温にも強いので、給湯器や空調配管材などに使われます。

タフピッチ銅と同じく導電率が高く、水素脆性のリスクがない純銅が「無酸素銅」（C1020など）です。酸素の含有率が0.001%以下とりん脱酸銅よりも低く、リンなどの不純物も含まないので純度は99.96%以上です。そのため高価になりますが、純度と導電率が高いので音響機器の配線などに使われています**（図4.8）**

分 類	主な品種	銅Cu純度	酸素含有量	導電率 ×10^6S/m	熱伝導率 W/(m・k)	用途例
タフピッチ銅	C1100	99.90% 以上	0.02～0.05% 前後	58.6	391	配線材など
りん脱酸銅	C1220	99.90% 以上	0.01% 以下	49.3	339	給湯器など
無酸素銅	C1020	99.96% 以上	0.001% 以下	58.6	391	音響機器 配線材など

注）主要な品種を抜粋。JIS H 3100：2018。各データは参考値。

図4.8　主な純銅の物理的性質

亜鉛との合金である黄銅

銅と亜鉛Znとの合金が「黄銅」です。黄銅は「真ちゅう」とも呼ばれ、銅と聞けばこの黄銅を思い浮かべるほどの代表選手です。加工しやすいことが特徴で、切削加工や圧延加工に適しています。工業製品以外に、仏具や金管楽器などにも広く使用されています。

黄銅は亜鉛の含有量によって主に3種類に分かれます。銅70%と亜鉛30%の「70/30黄銅」、銅65%と亜鉛35%の「65/35黄銅」と、銅60%と亜鉛40%の「60/40黄銅」です(**図4.9**)。

亜鉛の含有量が多いほど安価で、硬く引張強さが増します。ただし亜鉛の含有量が40%を超えると硬度が増す反面、もろくなるので実用には向きません。

70/30黄銅と65/35黄銅は伸びが大きいので冷間加工性が良好で、深絞り加工(平板を凹状に変形させる加工)にも適しています。

通称は、70/30黄銅は「七三《しちさん》黄銅」、60/40黄銅は「四六《しろく》黄銅」と呼びます。

分類		主な品種	引張強さ N/mm^2	硬度 HV
黄銅	70/30黄銅	C2600	355以上	85以上
	65/35黄銅	C2700	375以上	99以上
	60/40黄銅	C2801	410以上	105以上
りん青銅		C5210	470以上	140以上
ベリリウム銅		C1720	1240以上	240以上

注)主要な品種を抜粋。JIS H 3300:2018、調質1/2H。各データは参考値。

図4.9 主な銅合金の機械的性質

黄銅以外の銅合金

黄銅以外の銅合金には、「りん青銅」や「ベリリウム銅」「白銅」があります。りん青銅はスズSnとリンPを添加した材料、ベリリウム銅はベリリウムBeを添加した材料、白銅はニッケルNiを添加した材料です。

りん青銅は、ばね性が高いので、測定器のスイッチの接点材料などに用いられます。ベリリウム銅は銅合金の中で最高の強度をもっており、炭素鋼を超える高強度材料です。高温に強い材料で、600℃程度までの耐熱性をもちます。

特殊ばねや、火花が出ない性質を活かして防爆工具などに利用されますが、高価で加工しにくいことが弱点です（**図4.10**）。

先に紹介した日本の硬貨も、5円玉は黄銅、50円玉と100円玉は銅75%とニッケル25%の白銅でできています。

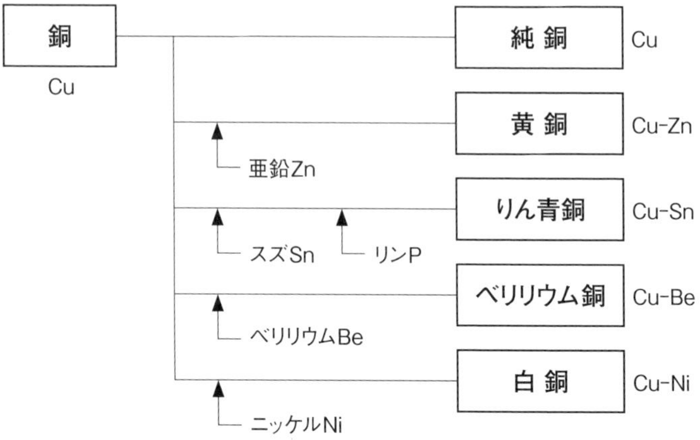

図4.10　銅合金の種類

身近になったチタン合金とマグネシウム合金

チタン合金やマグネシウム合金は高価なうえに、特にチタン合金は加工性が悪いので特殊な用途にしか使われていませんでしたが、加工法など技術の進歩によって身近な製品にも使われはじめています（**図4.11**）。

チタンTiは「軽くて強く、さびない」材料です。引張強さは鉄鋼材料と同程度ですが、密度は鉄に対して約半分です。従来の用途は飛行機のジェットエンジンや化学装置の部品などに限られていましたが、最近ではゴルフクラブのヘッドやメガネのフレームなどの日常製品にも使われています。

マグネシウムMgの用途は、アルミ合金への添加材としての利用がもっとも多く、マグネシウムの全需要量の40%を占めます。密度は鉄の4分の1、アルミ合金の3分の2の軽さです。引張強さは鉄の半分程度ですが、比強度は2倍になります。比強度とは重量に対する強度のことで、比強度が大きいほど、軽さに対して強い材料になります。

強度を落とさず軽量化を図れるので、クルマや家電製品、ノートパソコンの筐体に採用されています。切削加工しやすい材料ですが、燃焼しやすいため安全面での注意が必要です。燃焼中のマグネシウムに放水すると、水が分解して爆発する危険があります。

逆に燃焼しやすい性質を活かした事例が、キャンプでの火おこしで、マグネシウムの粉を火種に使用します。

性 質	単 位	チタン (Ti)	マグネシウム (Mg)	鉄 (SS400)
密 度	g/cm^3	4.51	1.74	7.87
引張強さ	N/mm^2	400以上	200以上	400
硬 さ	HV	200前後	40以上	120前後
縦弾性係数	$\times 10^3 N/mm^2$	96.1	44.3	206
導電率	$\times 10^6 S/m$	1.8	23.8	9.9
線膨張係数	$\times 10^{-6}/℃$	8.9	26	11.8
熱伝導率	W/（m・k）	17.1	80以上	80
融 点	℃	1668	650	1530

図4.11　チタンとマグネシウムの鉄との比較

4.3 プラスチックとセラミックス

プラスチックの出現と飛躍

化学技術の進歩とともに生みだされたプラスチックは、身の回りで広く普及しています。「合成樹脂」や「樹脂」と同義語として扱われています。

国内生産量は鉄鋼材料と比べると1割程度にすぎませんが、プラスチックは軽いので体積換算すると鉄鋼材料に匹敵する量になります。

金属とは正反対の性質をもっており、強度は低く、鉄の5分の1から8分の1の軽さで、電気は流れず、熱にも弱く、いまひとつ特徴が見えにくいにもかかわらず、これほどよく使われているのはなぜでしょうか。

大量生産に適した材料

プラスチックがよく使われる理由のひとつは、プラスチック製品を製造する生産性の高さにあります。プラスチックの融点（溶ける温度）は低いので、溶かした材料を金型に流し込んで冷やして固める成形加工に向いています。あっという間にできあがるので、大量生産に最適です。

成形加工の方法としては、一般的な形状には「射出成形」、空洞の容器形状では「ブロー成形」、空洞容器のサイズが大きくなると「回転成形」があります。金型を使ったこれらの成形方法は、第7章7.3項で紹介します。

もうひとつプラスチックがよく使われる理由は、材料に着色できることです。金属材料は色を変えることができず、黄金色の銅を選べるくらいです。そのため金属材料に色をつけたい場合にはペンキなどの塗装が必要になり、透明となると金属ではお手上げです。

それに対してプラスチックは、材料を溶かす際に色の素となる成分を加えることで自由に着色でき、透明にできる種類もあります。

加熱での性質による分類

多くの品種があるプラスチックを「加熱での性質による分類」で見てみましょう（**図4.12**）。加熱により溶ける「熱可塑性《ねつかそせい》プラスチック」と、逆に加熱すると硬化する「熱硬化性プラスチック」に分かれます。

熱可塑性プラスチックはプラスチック全生産量の約90%と大部分を占め、再加熱すると軟化・溶融して再利用が可能です。残り約10%が熱硬化性プラスチックで、加熱により流動性をよくしてから高温の金型に流し込んで硬化させます。いったん硬化すれば、再加熱しても軟化しません。熱に強い反面、再利用や廃棄が難しいプラスチックです。

特性による分類

もうひとつ「特性による分類」では、安価で生活用品に多く使われている「汎用プラスチック」と、強度や耐熱性を高めた「エンジニアリングプラスチック（略してエンプラ）」に分かれます。

生産量トップ3のポリエチレン（PE）、ポリプロピレン（PP）、ポリ塩化ビニル（塩《えん》ビ）は汎用プラスチックで、プラスチック全生産量の約70%を占めます。一方、ある程度の強度や耐熱性が必要な用途に使うのがエンプラで、エンプラの基準の目安は「引張強さが49N/mm^{2}以上で、耐熱温度が100℃以上」です。

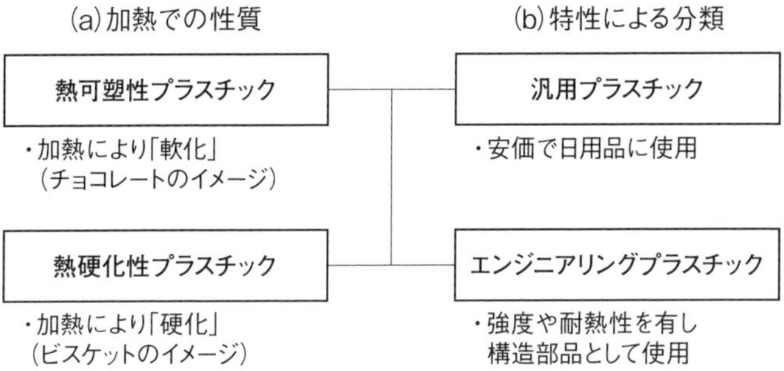

図4.12　プラスチックの分類

加熱での性質による分類

特性による分類		熱可塑性プラスチック	熱硬化性プラスチック
	汎用プラスチック	ポリエチレン(PE) ポリプロピレン(PP) ポリ塩化ビニル(PVC) ポリスチレン(PS) ポリエチレンテレフタレート(PET) アクリロニトリル・ブタジエン・スチレン(ABS) アクリル樹脂(PMMA)	フェノール樹脂(PF)
	エンジニアリングプラスチック	ポリカーボネート(PC) ポリアミド(PA) ポリアセタール(POM) 熱可塑性ポリイミド(PI)	熱硬化性ポリイミド(PI) エポキシ樹脂(EP)

図4.13　主なプラスチックの種類

汎用プラスチックの生産量トップ3

プラスチックの材料名や製品名についている「ポリ」は高分子化合物を意味します（**図4.13と図4.14**）。汎用プラスチックのポリエチレン（PE）やポリプロピレン（PP）は買い物袋やタンク、バケツなどに使われます。

またポリ塩化ビニル（PVC）は、略して「塩ビ」と呼ばれており、水道パイプや建築資材、手帳のカバーなどに使われています。塩ビは一時期、廃棄焼却時に猛毒のダイオキシンが発生すると指摘されましたが、これは材料の問題ではなく廃棄時の焼却条件が原因と判明しています。いまでは焼却条件がしっかり管理されており、まったく問題ありません。

塩ビは粘り強いので衝撃に強く、クラックが入りにくいことも特徴のひとつです。生産設備などの透明カバーにも最適です。

名称	略称	種類の記号	密度	引張強さ	線膨張係数	常用耐熱温度
			g/cm^3	N/mm^2	$\times 10^{-6}/℃$	℃
ポリエチレン	—	PE	0.92	8〜31	100〜220	70〜90
ポリプロピレン	—	PP	0.91	32	110	100〜140
ポリメタクリル酸メチル	アクリル	PMMA	1.19	75	70	80
ポリ塩化ビニル	塩ビ	PVC	1.47	55	70	60〜80
ポリカーボネート	ポリカ	PC	1.2	62	70	125
フェノール樹脂	ベークライト	PF	1.4	80	40	150〜180

注）各データは参考値。ポリエチレンは低密度タイプのデータ。

図4.14　主なプラスチックの性質

その他の汎用プラスチック

その他には、生産量がトップ3ほどは多くないものの、ポリスチレン（PS）、ポリエチレンテレフタレート（PET）、アクリロニトリル・ブタジエン・スチレン（ABS）、アクリル樹脂（PMMA）などがあります。

PSは梱包材に使う発泡スチロールや、プラモデルの材料になります。PETは飲みもののペットボトルに使われており、最近は回収のうえ再びPETとして再利用されるようになっています。

ABSはPSよりも硬く、強度の必要な機器や建材、おもちゃなどに使われます。ガラス繊維を混ぜた強化ABSは、変形のしにくさである剛性や耐熱性に優れます。

アクリル樹脂の特徴は、強度と透明性にあります。水族館の大型水槽にも採用されており、外形寸法は数mの大きさで厚みは50cmに及びます。数千トンの水圧に耐えていることから、強度の大きさを実感できます。また着色も可能で、さまざまな色の半透明色も市販されています。半透明色は、製品に高級感やファッション性をもたせるのに活用でき、モノづくり現場では工場見学コースで機密性のある箇所を隠すカバーにも使われます。

使用温度には注意が必要

汎用プラスチックは、耐熱温度（使用可能な最高温度）は高くありません。PEやPS、アクリル樹脂は70～90℃、塩ビは60～80℃と100℃に至りません。

さらに熱による膨張が大きいことにも注意が必要です。高い寸法精度で加工しても、温度によって変化してしまうからです。ポリエチレンの線膨張係数は鉄鋼材料の10～20倍、つまり温度上昇による伸びが鉄の10～20倍にもなります。

したがってプラスチック部品の図面に高い寸法精度の指示があるときは、使用環境の温度を一定にしなければ意味がありません。

用途を絞って使用するエンプラ

エンプラにも多くの種類があります。その中でポリカーボネート（PC）はよく使われる材料のひとつです。略して「ポリカ」や「ポリカーボ」と呼ばれます。透明ながらも強度があり、衝撃にも強いことが特徴です。

透明度の高い順に「アクリル＞ポリカーボネート＞塩ビ」、価格の高い順に「ポリカーボネート＞アクリル＞塩ビ」になります。

材料内部にひそむ力（これを内部応力という）を取り除くアニール処理（熱処理）を併用すると、0.01mm台の高い加工精度を得られます。使用温度は－100～120℃で、身近な製品ではヘルメットや自動車のヘッドライトやサングラスのレンズに使われます。

ポリアミド（PA）も身近によく使われるエンプラのひとつで、米デュポンの商標に由来して「ナイロン」の名でも知られています。強度、柔軟性、耐熱性に優れ、吸水性もあります。耐熱温度は80～140℃と少し高めです。

熱で硬化するフェノール樹脂とエポキシ樹脂

熱硬化性プラスチックの代表選手は、ベークライトです。正式にはフェノール樹脂（PF）ですが、商標のベークライトが広く普及したためフェノール樹脂の代名詞になっています。略して「ベーク」とも呼ばれます。独特の茶系色で、強度があって加工しやすく安価です。アルミ合金の半分程度の軽さを活かして、モノづくり現場では治具の材料や搬送用のパレットなどによく使われます。

エポキシ樹脂（EP）も、熱硬化性プラスチックのひとつです。炭素繊維強化プラスチック（CFRP）の母材は、主にこのエポキシ樹脂が用いられており、その他には接着剤や塗料に、また絶縁性が高い性質を活かして電子部品のコーティング材に使用されています。

自然にやさしいプラスチック

ここまで紹介してきたプラスチックは石油からつくられますが、近年はトウモロコシやサトウキビといった植物を原料とする「バイオマスプラスチック」の開発と実用化が進んでいます。

プラスチックのリサイクル率は10%と低く、多くのプラスチックごみは埋め立てや不法投棄されているといわれています。そこで土中などの微生物によって水と二酸化炭素に分解されて自然界に戻る「生分解性プラスチック」が開発されています。代表的なものにポリ乳酸（PLA）があります。

セラミックスは焼き物の材料

本章の最後に、プラスチック以外の非金属材料として、セラミックスを紹介します。セラミックスは陶器、すなわち焼き物の材料です。茶わんも湯飲みもセラミックス製品の代表例です。セラミックスの特徴は「硬くて、燃えず、さびないこと」で、温度変化による変形が小さいのも特徴です。線膨張係数は鉄の約4分の1にすぎません。

手作業でつくる茶わんや湯飲みの材料成分は化学的に管理されておらず、焼成条件も毎回異なるので、焼き上がりにばらつきが生じます。一品ごとに個性が出るので「工芸品」として重宝されており、これら一般的な陶磁器の材料となるセラミックスを「旧セラミックス」と呼びます。

これに対して、セラミックス製はさみやセラミックス部品といった「工業製品」

は、材料成分も焼成条件も管理しているので、できあがりの品質も安定しています。これらの材料を「ニューセラミックス」や「ファインセラミックス」と呼んでいます。

ニューセラミックスはさまざまな工業製品に使われています。硬さと耐熱性といった機械的機能を活かした用途には、エンジン部品や耐熱レンガや切削工具があります。電気を蓄えるといった電気的機能を活かした用途には、電子部品があります。スマートフォンの中に800個近く使われているチップ積層セラミックコンデンサも、ニューセラミックスの製品の一例です。

このほかにも、磁気的機能を活かした磁石材料や磁気記録材料、光学的機能では強化ガラスや複層ガラス、また化学的に安定なことから医療分野では人工骨や人工関節の材料として用いられています（図4.15）。

<機 能>	<用途例>
機械的機能	耐熱用材料（エンジン用部品など）、耐熱レンガ、切削用耐摩耗材料（工具など）
電気的機能	誘電材料、圧電材料、半導体材料（電子部品）
磁気的機能	磁石材料、磁気記録材料（磁石、記録媒体など）
光学的機能	ガラス材料（強化ガラス、複層ガラスなど）
医療向け機能	人工骨、人工関節など

図4.15　ニューセラミックスの機能

加工編

第5章

加工の全体像

5.1 加工知識を習得するコツ

加工条件は加工者に任せる

加工とは、市販されている決まった材料形状から、必要とする形をつくり出すための作業です。市販材料の形状には、板状や丸棒や角棒、また断面がL形状のアングル材やC形状のCチャンネルなどがあります（第3章図3.6参照）。これらの市販形状から、どのように加工するのがよいでしょうか。

多くの加工法から最適な方法を選ぶには、それぞれの特徴を知っておくことが大切です。それによって「図面どおりに」「安いコストで」「短時間」に形づくる加工法を決められます。

加工の基礎知識を学ぶうえでのコツは、まずはどのような加工法があるのかの全体像をつかんでから、各加工法の特徴をつかむことです。森を見てから林を見るイメージです。本書もこの順に紹介していきます。

また工作機械メーカーや加工メーカーが配信している「動画」は、工作機械の動きがリアルにわかる優れた教材になります。ぜひ本書と併用してください。

一方、工具の回転数や切り込み量といった「加工条件の具体的な設定値」を知る必要はありません。これらは非常に高度な専門技術なので、プロの加工者に任せればよいのです。大事なことは、加工条件が楽になる設計です。楽に加工ができれば、コストも時間も削減できるからです。

事前準備から後片付けまでが加工

加工といっても、いきなり工作機械のスイッチをONにするわけではありません。大きくは「事前準備」「加工」「測定」「後片付け」の4つの作業がともないます（**図5.1**）。

1つめの事前準備では図面を読み取り、どの工作機械を使うのか、どの工具を使うのか、どのような手順で加工するかを検討し、必要であれば治具を製作します。治具とは材料の位置を決めて固定するための器具です。また自動化した工作機械ではプログラムの作成が必要になります。

2つめの加工では、まず「材料取り」をおこないます。購入した定尺寸法の材料から「削り代《しろ》」や「つかみ代《しろ》」を考慮し、仕上がり寸法よりも少し大きめに切断する加工作業です。削り代とは仕上げ加工で削り落とす部分のこと、つかみ代は材料を治具などで固定する部分のことです。

次に材料取りした材料を工作機械にセットし原点出しを行います。原点出しとは、平行度や傾きを確認しながら正規の位置に固定したり、固定した位置を原点として工作機械に認識させる作業です。これらを総称して「段取り作業」と呼びます。これでようやく工作機械のスタートボタンを押して、本来の加工作業を開始できるのです。

3つめとして、加工が終われば、加工者自身で寸法を測定し、図面どおりに加工できたかを確認して結果を記録します。

最後の後片付けでは、清掃や切りくずの処理をおこないます。金属の切りくずは売却できるので、材料の種類ごとに分けて回収します。

以上のように、加工は多くの作業工程を必要とします。

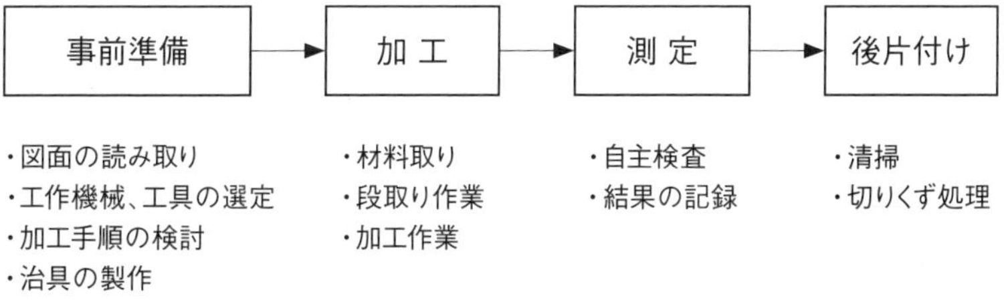

図5.1　加工の作業内容

加工法を5つの大分類で見る

加工の全体像として、加工法を以下のように大きく5つのグループに分けて、それぞれの概要を紹介します（図5.2）。

[1] 削って形をつくる「切削加工」

[2] 型を使って変形させる「成形加工」

[3] 材料同士を接合する「接合加工」

[4] 力以外のエネルギーで形をつくる「特殊加工」

[5] 形を変えずに材料の特性を変える「熱処理・表面処理」

No	加工法		特徴	加工名称
1	**切削加工** 削って形をつくる	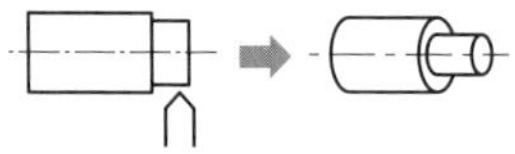	加工精度が高い 加工時間を要する	旋盤加工 フライス加工 穴あけ加工 研削加工など
2	**成形加工** 型を使って 変形させる	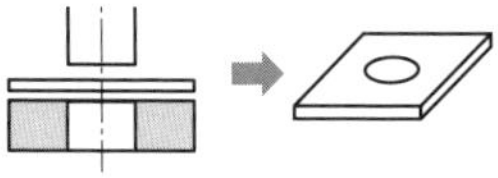	一発で形をつくる 大量生産向き 加工精度は劣る	板金加工 鋳造 射出成形 鍛造など
3	**接合加工** 材料同士を 接合する		コストダウン 複雑形状の加工	溶接 ろう付け 接着など
4	**特殊加工** 局部的に溶かす	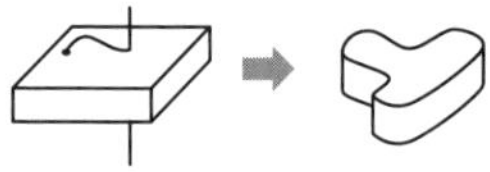	力をかけない加工 複雑な形状が得意	レーザ加工 放電加工 エッチング加工 3Dプリンタ加工
5	**熱処理・ 表面処理** 材料の特性を 変える		形は変えない 硬さを変える さびを防ぐ	焼入れ・焼戻し 焼なまし 焼ならし 各種表面処理

図5.2　加工の大分類

[1] の切削加工は、材料を刃物で削り取る加工です。旋盤加工やフライス加工、穴あけ加工、研削加工などがこのグループになり、切りくずが出る加工です。加工精度が高い反面、加工には時間がかかります。

[2] の成形加工は、型を使う加工です。薄い金属板を金型で打ち抜いたり曲げたりする板金加工や、溶けた金属を鋳型に流し込む鋳造、溶けたプラスチックを成形金型に流し込む射出成形などがこの分類になります。加工精度は出にくいのですが、型さえあれば短時間で加工できるため大量生産に向いています。身近にある製品の多くは、この成形加工でつくられています。

[3] の接合加工は、複数の部品同士を溶接や接着などで接合する加工です。一体品よりも安くつくれる場合や、複雑な形状や中空構造など一体での加工が困難な場合に用います。

[4] の特殊加工は、上記の切削加工や成形加工などのように材料に力を加える「動的な加工」とは異なり、力以外のエネルギーを使った「静的な加工」です。光エネルギーを使ったレーザ加工や、電気エネルギーを使用した放電加工、化学反応によるエッチング加工などがあります。力を加えないため高精度な加工ができるうえに、切削加工や成形加工では難しい複雑な形状の加工も可能です。3Dプリンタによる立体加工もこの分類に入ります。

[5] の熱処理と表面処理は、形を変えるのではなく、材料の性質を変える加工法です。焼入れ焼戻しといった材料自体の特性を変える熱処理に対して、材料の表面に特性をもった皮膜を付着させるのが表面処理です。表面処理でもっとも広くおこなわれているのは、鉄鋼材料のさび防止になります。

材料の状態による加工分類

加工法を材料の状態の違いで分類すると、材料が「固体の状態」で加工する方法と、「液体の状態」で加工する方法に分かれます。

多くの加工法は材料が固体の状態でおこないますが、液体の状態でおこなう加工法が、金属を溶かす鋳造とプラスチックを溶かす射出成形、そして金属同士を溶かして接合する溶接になります。

5.2 効率のよい加工とは

図面どおりに安くはやく加工する

加工には「QCD」が求められます。QCDはQuality、Cost、Deliveryの頭文字で、「品質・コスト・納期」の意味です。

QCDを満たすことは業種によらずモノづくり現場の大切な役割で、加工におけるQCDは具体的に、次のようにとらえます（図5.3）。

Q：製造品質　「図面どおりにつくること」
C：製造原価　「1円でも安くつくること」
D：加工時間　「あっという間につくること」

これら3つの要素をいつでも同時に満たす加工法がひとつだけあればよいのですが、残念ながらそうしたオールラウンドの加工法はありません。それぞれに一長一短があるので、材料の種類や部品の形状、大きさ、加工数量などにより最適解が変わってきます。

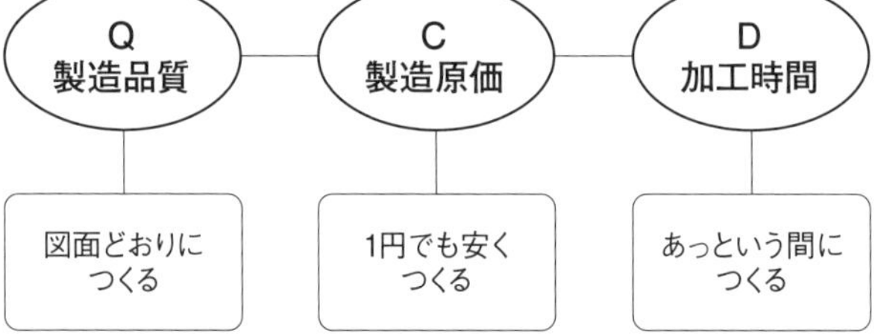

図5.3　加工に求められる3つの要素

効率よく加工する

QCDの中で優先すべきは「製造品質」です。狙いの寸法精度や表面粗さといった仕様を満たすことが前提で、「製造原価」が安く、「加工時間」の短い加工法を選択します。

製造原価は販管費（販売費および一般管理費）を含まず、純粋にそのモノをつくるのに必要な費用（コスト）です。製造原価の内訳を「材料費」「労務費」「減価償却費」「その他経費」でとらえると、効率よく加工ができれば、材料のムダがなくなり、材料費の削減につながります。

あっという間に加工できれば労務費が下がるうえに、顧客の希望納期にも対応しやすくなり、まさに一石二鳥です。さらに汎用の工作機械で加工できれば、使用コストとなる減価償却費も抑えることができます（**図5.4**）。

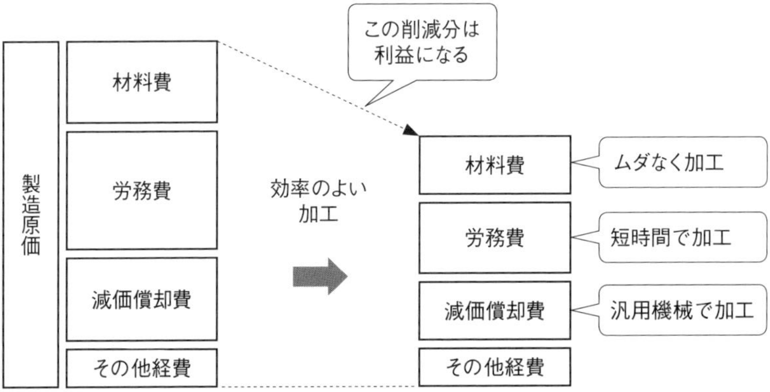

図5.4　効率のよい加工と製造原価

理想は加工しないこと

ここで加工の理想について考えてみましょう。一番の理想は「加工しないこと」です。購入した材料を加工せずにそのまま使うことができれば、必要な費用は材料費だけで、コストも加工時間もゼロになります。加工しないので、加工不良をおこすこともなく、QCDすべてに効果があります。

ここで加工を必要としない事例を紹介します。一般的な鉄鋼材料の「SS400」や「S45C」を使用した角形状の部品寸法を「幅18mm×厚み8mm」に設計するとします。しかしこの寸法の材料は市販されていないので、一回り大きいサイズの「幅19mm×厚み9mm」の材料を購入せざるを得ません。そのため幅と厚みをそれぞれ1mm削ることになり、この加工をおこなうことで、

[1] 加工作業により労務費が上がる　⇒製造原価の上昇
[2] 加工時間が必要となる　⇒納期対応の悪化
[3] 厚み方向を削ると反りの発生するリスクが高い
⇒品質の悪化および反り修正による加工時間と製造原価の悪化

一方、最初から市販寸法の「幅19mm×厚み9mm」に合わせて設計すれば幅と厚みは加工する必要がなく、長さ方向の2面の加工だけで済みます。

この例のように「幅19mm×厚み9mm」と「幅18mm×厚み8mm」は、寸法に1mmの差があるといった単純な違いではなく、加工の必要があるかないかの大きな違いをともなうのです。なお長さ方向は数mといった定尺寸法となり、加工を前提としているので、市販寸法は意識する必要はありません。

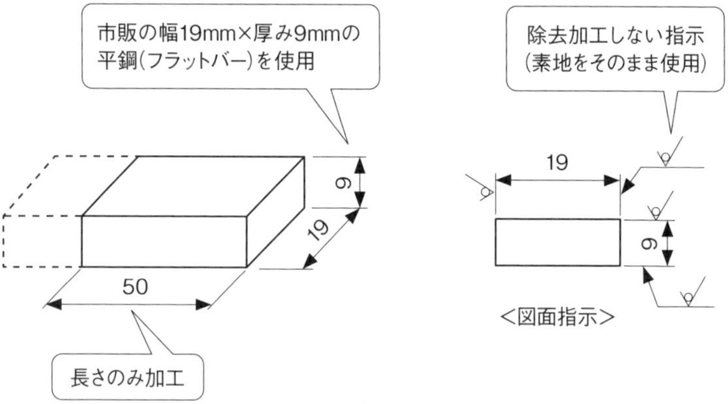

図5.5　市販寸法に合わせた設計

外形寸法は市販寸法に合わせる

以上の理由から、幅と厚みの両方を市販寸法に合わせることが理想ですが、製品にしても生産設備にしてもすべての部品を合わせることは難しいと思います。それでも、幅か厚みのどちらか一方でも合わせる設計は大事です。

なお片方の場合には「厚みを合わせる」ことを優先させます。それは加工による反りを防ぐことと、加工面積を減らすためです。

市販寸法に合わせたことは、図面上で表面粗さ（表面性状）記号のひとつ「除去加工をしない図示記号」であらわします。この記号は「市販品の表面を加工せずに素地のまま使用する」ことを意味します（**図5.5**）。

設計者は市販寸法を知ろう

このように設計者にとって市販材料の寸法は必須の知識です。たとえば鉄鋼材料SPCCの板厚のバリエーションは、1.0/1.2/1.6/2.0/2.3/3.2mmです。

汎用材SS400やS45Cの平鋼の一般的な寸法バリエーションは、
幅寸法　：9/12/16/19/22/25/32/38/50/75/100/125/150mmなど、
厚み寸法：3/4.5/6/9/12/16/19/22/25mmなど、があります。

ただしこの寸法が完全に統一されていればよいのですが、材料商社によって取り扱い寸法が微妙に異なります（たとえば厚み9mmはなく10mmなど）。そのため、自社と取り引きのある材料商社から寸法情報を入手してください。

また材料には表面状態の違いで、熱間圧延の「黒皮材」と、冷間圧延の「ミガキ材」があります。第2章2.5項でも紹介したように黒皮材は保護膜の黒さびで覆われており、表面は手で触って凹凸がわかる場合もあるので、寸法精度や表面のなめらかさが必要な場合は表面を加工しなければなりません。

それに対してミガキ材は表面がきれいで寸法精度も高いので、表面を加工せずにそのまま使えることがメリットです。特に理由がなければミガキ材の使用がお奨めです。寸法の精度も材料商社によって保障値が異なるので、幅と厚みの寸法情報を入手する際に、寸法精度も同時に確認してください。

参考までに、**図5.6**にSS400およびS45Cの平鋼（フラットバー）ミガキ材の市販寸法を、**図5.7**に各材料ごとの丸棒市販寸法を示します。

＜SS400およびS45C平鋼（フラットバー）ミガキ材の市販参考寸法＞

厚＼幅	9	12	16	19	22	25	32	38	50	75	100	125	150
3	●	●	●	●	●	●	●	●	●				
4.5	●	●	●	●	●	●	●	●	●				
6	●	●	●	●	●	●	●	●	●	●	●		
9		●	●	●	●	●	●	●	●	●	●	●	●
12			●	●	●	●	●	●	●	●	●	●	●
16				●	●	●	●	●	●	●	●	●	●
19					●	●	●	●	●	●	●	●	●
22						●	●	●	●	●	●	●	●
25							●	●	●	●	●	●	●

注）単位はmm。厚み25mm超えと、幅150mm超えは省略。

図5.6　平鋼の市販寸法（参考）

直径	SS400	S45C	SK95	SUS304	A5052	A7075
3	●	●	●			
4	●	●	●			
5	●	●	●		●	
6	●	●	●		●	
7	●	●	●			
8	●	●	●	●	●	
9	●	●	●	●		
10	●	●	●	●	●	●
11	●	●	●			
12	●	●	●	●	●	●
13	●	●	●	●		
14	●	●	●	●		●
15	●	●	●	●	●	●

注）単位はmm。直径15mm超えは省略。

図5.7　丸棒の市販寸法（参考）

加工編

第6章

削って形をつくる切削加工

6.1 丸形状に削る旋盤加工

切削加工の分類

前章で加工法を大きく5つの大分類で紹介しました。本章から各加工法の詳細をお伝えします。まずは削って形をつくる切削加工です。これは切りくずが出ることが特徴の加工法です。はじめに切削加工の全体を見ておきましょう。切削加工には、次の5つの種類があります。

[1] 丸形状に削る「旋盤加工」
[2] 角形状に削る「フライス加工」
[3] 穴やねじをあける「穴あけ加工」
[4] 表面を砥石で仕上げる「研削加工」
[5] 完全な平面に仕上げる「きさげ加工」

世の中の部品の形状は「丸形状(円柱形状)」「角形状」「球形状」、もしくはこれらの複合形状になります。このうち球形状は加工が特殊なため、専門加工メーカーから購入するのが一般的です。そのため丸形状と角形状が加工の対象になります。

加工後の形状により加工法は異なり、丸形状は旋盤による旋盤加工、角形状はフライス盤によるフライス加工でおこないます。

穴あけ加工は、穴やねじの加工になります。ねじは何度でも取りはずしできる固定方法なので広く採用されており、穴やねじの指示がない図面を探すのが難しいくらいです。主にボール盤で加工します。

旋盤やフライス盤での加工後に、さらに表面をなめらかにしたい場合や高精度に仕上げたい場合、また超硬合金といった非常に硬い材料の加工には、砥石による研削加工を施します。

最後のきさげ加工は、工作機械のベース基板や生産設備のフレーム基板など、基準となる面を1μm（1mmの千分の1）レベルの限りなく完全な平面に仕上げる高度な加工法です。機械ではなく手作業でおこなう熟練の技が必要な加工になります。

工作物を回転させる旋盤

では、丸形状に削る旋盤加工から説明します。旋盤加工は、携帯用の鉛筆削りと同じ原理です。携帯用の鉛筆削りは、固定された刃に対して鉛筆を回転させて削ります。これと同じく旋盤も工作物を回転させることで丸形状に削ります。この原理の歴史はとても古く、レオナルド・ダ・ビンチのスケッチにも残されています。

工作物は回転するのみで、前後左右には動きません。それに対して工具を前後左右に動かして所定の形状に削ります。

代表的な旋盤（普通旋盤）は大きく3つの機能で構成されています。

[1] 加工者から見て左側は工作物を回転させる「主軸台」

[2] 中央部は工具（バイト）を前後左右に移動させる「往復台」

[3] 右側は長い工作物を支えたり、工作物の端面中央に穴をあける工具（ドリル）を固定する「心《しん》押し台」

通常使うのは[1]の主軸台と[2]の往復台で、必要な場合には[3]の心押し台を併用します（**図6.1**）。

旋盤はどのメーカー製でも、このように主軸台が左側にあります。ほかの多くの工作機械は加工者から見て左右対称の構造で方向性はありませんが、旋盤は左右が非対称なことが特徴のひとつです。

ここで紹介した旋盤構造はもっとも汎用的に使われる「普通旋盤」で、このほかの種類として丸形状の端面のみを削る「正面旋盤」や、普通旋盤を垂直に立てた構造の「立て旋盤」、数値データを入力することにより自動で加工がおこなえる「NC旋盤」があります。

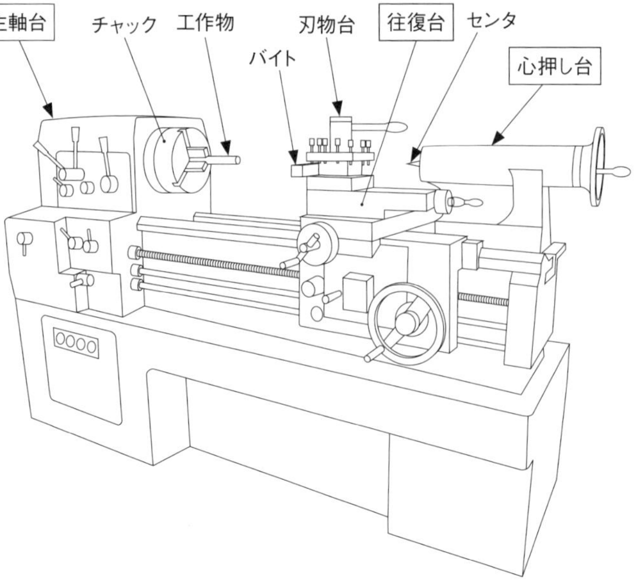

図6.1　普通旋盤の構造

旋盤加工の種類と使用工具

旋盤でおこなえる加工として「外周の加工」「端面の加工」「穴あけ加工」「ねじ加工」を順に見ていきましょう。

旋盤で使用する工具を「バイト」といい、加工形状の違いにより専用のバイトを用います。また穴あけの工具には「ドリル」を使います。

[1] 外周の加工

旋盤加工の中で一番メインとなるのが外周の加工です。円柱形状や、徐々に直径が変わるテーパ加工では、バイトを右から左に移動しながら削っていきます。求める直径の寸法精度が高ければ、1回で完了するのではなく、1回目は荒削り、2回目は中削り、3回目に仕上げ削りといったように数回にわたって加工します。この加工には「片刃バイト」を用います。

また外周に溝を入れる加工や、材料を切り落とす加工には「突切りバイト」を用います（**図6.2のa図**）。

[2] 右端面の加工

片刃バイトを工作物の端面に当てて削る加工です。ただし工作物の左側を保持しているので、右端面しか加工できません。そのため左端面を加工する場合には工作物の保持をいったん外して、左右逆転させて保持しなおさなければなりません。このように工作物を反転させる作業を、加工現場では「トンボ」と呼んでいます **(同b図)**。

[3] 穴あけ加工

右端面の中心位置にドリルを当てることで穴をあけることができます。直径の大きな穴（たとえば直径30mm以上など）は、旋盤用ドリルで穴をあけた後、専用の「中ぐりバイト」を用いて所定の寸法まで削り広げます。これを中ぐり加工といいます **(同c図)**。

[4] ねじ加工

おねじ加工は、工作物の外周におねじ用の「ねじ切りバイト」でねじ溝を加工します **(同d図)**。めねじ加工は、右端面の中心にドリルで穴をあけてから、めねじ用の「ねじ切りバイト」でらせん状に溝加工します。

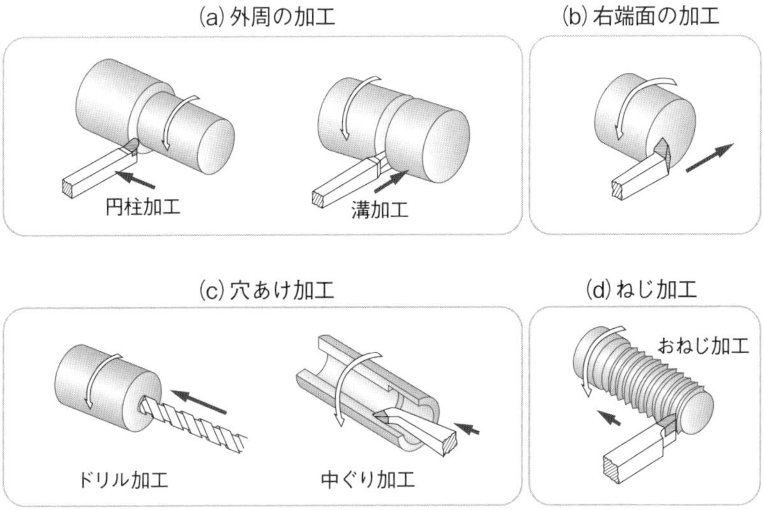

図6.2　旋盤加工の事例

構造別のバイトの種類

使用するバイトは前述の形状別の分類のほかに、構造別の分類として「ろう付けバイト」と「スローアウェイバイト」があります。バイトは切れ刃と、往復台に固定するシャンクと呼ぶ部位で構成されています。

ろう付けバイトは、高価な切れ刃をシャンクにろう付けしたものです。ろう付けしてから刃先を砥石で研いで使用します。切れ刃の形状を任意につくることができるので、複雑な加工形状にも対応が可能です。

一方、スローアウェイバイトは、市販の切れ刃をシャンクにねじで着脱する構造になっています。切れ刃が摩耗した際には研ぐ必要がなく、交換するだけで対応できるので大量生産の加工に適しています。加工する形状により三角形、四角形、ひし形などさまざまなタイプが揃っています。

三つ爪チャックと四つ爪チャック

工作物を主軸台に保持する部品をチャックといい、工作物を保持することをチャッキングといいます。チャッキングでは工作物の固定と同時に、旋盤の回転中心と工作物の中心を合わせる位置決めをおこなっています。

もっとも一般的な「三つ爪チャック」は、チャック側面の穴に専用のハンドルを差し込んで回転させると、3つの爪が中心に向かって同時に動くしくみになっています。そのため三つ爪チャックは、加工前の材料が丸形状専用になります**(図6.3のa図)**。

四角形状の材料をチャッキングする場合には　3つの爪では保持できないので「四つ爪チャック」を使用します。ただし4つの爪はひとつずつ独立で調整しなければならず、作業の手間がかかります。

コレットチャックとセンタ

パイプなどの穴があいた中空品や直径の小さな工作物は、三つ爪チャックでの保持が難しいため「コレットチャック」を使用します。コレットチャックは側面に複数の切れ込みが入った形状で、広い面積で工作物を保持できます。身近ではシャープペンシルの芯の保持に採用されています（**同b図**）。

細長い工作物を加工する場合には、工具を当てたときに工作物にたわみが生じるので、その対策として工作物の右端面の中心にくぼみをつけておき、そこに先端のとがった「センタ」と呼ばれる部品を押し当てて支えます。このセンタは必要な加工精度にもよりますが、一般的には直径に対して長さが4～5倍以上の工作物を加工するときに用います（**同c図**）。

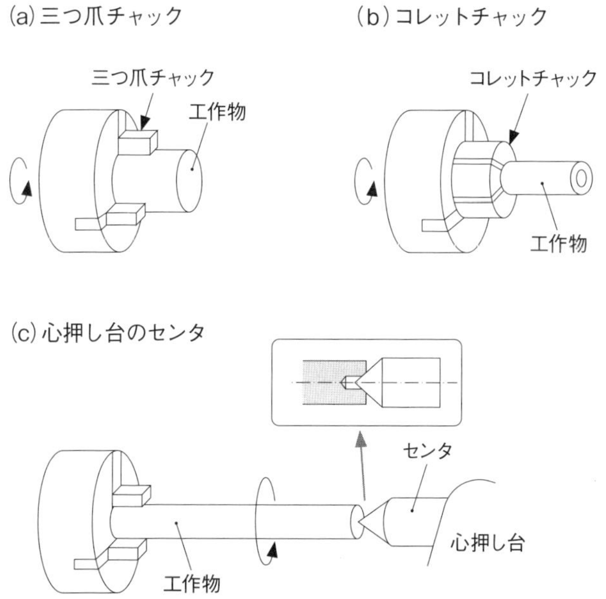

図6.3　チャックとセンタ

3つの加工条件と加工精度の目安

旋盤での加工条件は、工作物の「回転数」と、工具の「切り込み量」と「送り速度」の3つになります。「図面どおりに」「安いコストで」「短時間」で加工するために、これらの最適条件を見いだすスキルが加工者には求められます。

加工条件は、材料の性質、必要精度、表面粗さだけでなく、工作機械の精度や機械ごとのクセ、切削油剤の種類、工具の材質や形状といった多くの要素の組み合わせより決定します。高度な加工では、切りくずの色から加工による発熱状態を目視で確認し、切削音を聞き分けて加工条件を微調整する匠の世界になります（**図6.4**）。

旋盤の加工精度は工作物の大きさにもよりますが、寸法精度で「±0.02mm」、表面粗さは算術平均粗さで「～Ra1.6（旧記号で▽▽▽）」程度が目安です。

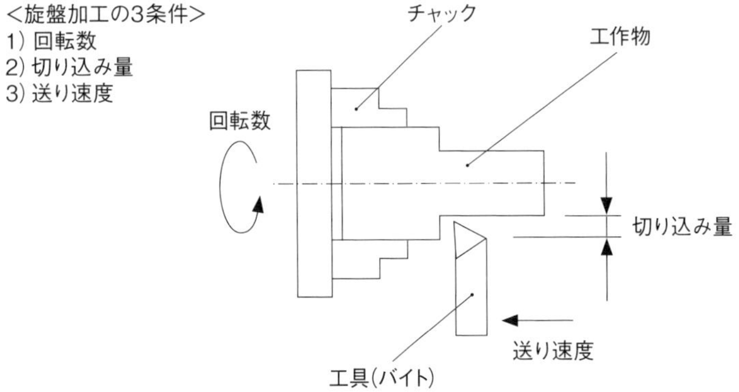

図6.4　旋盤加工の3条件

旋盤を使う2つのメリット

機械加工に関する書籍を見ると、その多くは旋盤が最初に紹介されています。本書でも加工の一番に旋盤を取り上げました。それは工作機械の中で旋盤の歴史が古いことに加えて、丸形状は加工効率がとてもよいからです。

「図面どおりに」「安いコストで」「短時間」に加工するには、加工工数を減らすことがもっとも効果的です。そこで角形状と丸形状の面数を比較してみると、角形状の6面に対し、丸形状は外周と両端面を合わせて3面です。

すなわち、丸形状は角形状に比べて半分の面数なので、加工効率が圧倒的に有利なことがわかります。そのため設計者はまず丸形状を優先して設計します。しかし製品や生産設備の部品すべてを丸形状にすることは現実的ではないので、角形状であっても前章で紹介したように、市販寸法に合わせることで加工面数の削減を狙います。

また丸形状は、同じものを複数個つくる場合にもメリットがあります。材料を長めに加工しておき、最後に右端面から所定の寸法に切り落としていけば、連続して同じものをつくることができます。金太郎あめをつくるのと同じ要領です。角形状の場合は次項で紹介するフライス盤で加工しますが、複数個つくるからといって長めに加工して最後に切り落とす方法ではコストが高くなるので、1個ずつ加工しなければなりません。

旋盤の部品図は加工の向きに合わせる

旋盤で加工する部品には、図面を描く際にルールがあります。JIS（日本産業規格）には「部品図など加工のための図面では、加工に当たって図面をもっとも多く利用する工程で、対象物を置く状態で描くこと」が明記されています。

旋盤以外の工作機械は左右対称の構造なので、特にこのルールを意識する必要はありませんが、旋盤だけは左右が非対称なので、このルールに従います。旋盤では工作物の左側をチャックして、工具は右から左に向かって加工するので、部品図も同じ向きに描きます。これにより加工者にとって見やすい図面になり、読み取りミスも少なくできます（**図6.5**）。

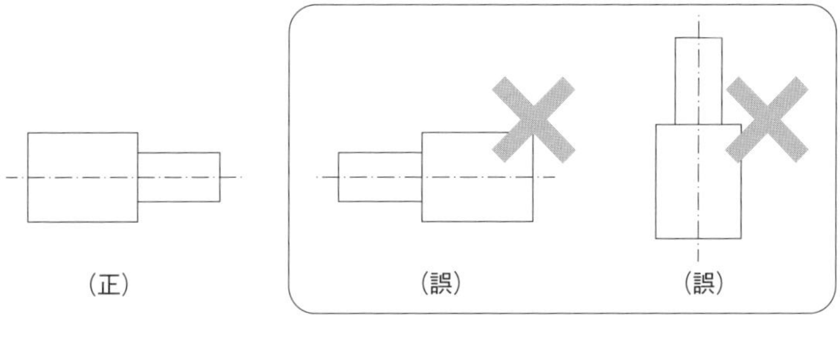

図6.5　旋盤加工の部品図の向き

6.2
角形状に削るフライス加工

角形状に加工するフライス加工

本項では角形状に削るフライス加工を紹介します。「フライス」は、複数の切れ刃をもった工具全般を意味し、このフライスを使って加工する工作機械をフライス盤といいます。フライス加工は、工作物を回転させる旋盤加工とは逆で、工具を回転させて加工します。

フライス盤の種類には「立てフライス盤 (**図6.6**)」「横フライス盤」「NCフライス盤」「マシニングセンタ」があります。

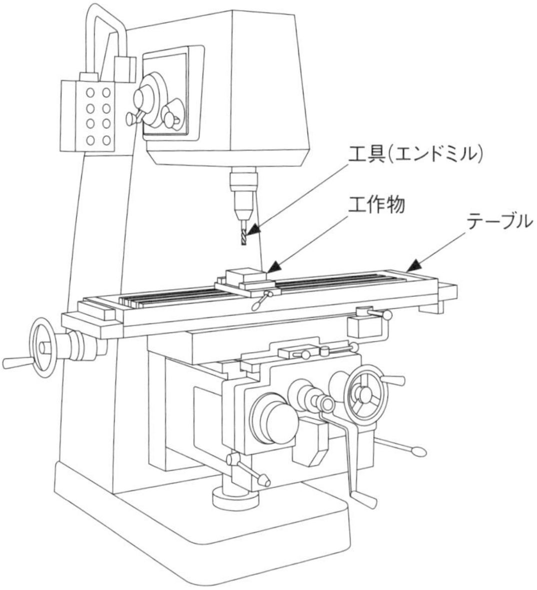

図6.6　立てフライス盤の構造

もっとも汎用的に使用される「立てフライス盤」は、工具を回転させる主軸が床に対して垂直方向になる構造です。回転する工具に対して、工作物を載せたテーブルを前後・左右・上下に移動させて所定の形状に削ります。

これに対して横フライス盤は主軸が床に対して水平方向の構造になります。

自動化されたNCフライス盤とマシニングセンタについては、本項の最後に紹介します。

フライス加工でできること

フライス盤でおこなえる加工を「外形の平面加工」「側面の加工」「溝の加工」「スリットの加工」「穴あけ加工」「曲面の加工」で見ていきましょう（**図6.7と図6.8**）。

[1] 外形の平面加工　工作物の表面を広く平面に削る加工。後述する正面フライスと呼ぶ工具で切削する

[2] 側面の加工　エンドミルと呼ぶ工具で、側面や段つき形状に加工する

[3] 溝の加工　キー溝などの溝形状やポケット形状に加工する

[4] スリットの加工　スリットといった細い溝形状に加工する

[5] 穴あけ加工　旋盤やボール盤と同じようにフライス盤でも穴加工ができる

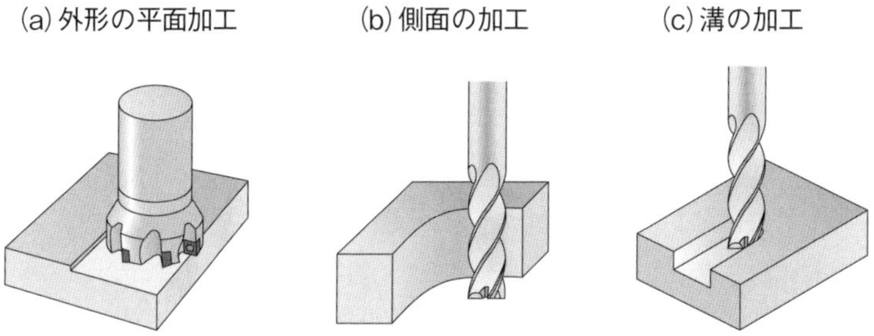

図6.7　フライス加工の事例1

[6] **曲面の加工**　複雑な曲面形状の加工は、自動化されたNCフライス盤や、マシニングセンタを使って加工する

(d) スリットの加工　(e) 穴あけ加工　(f) 曲面の加工

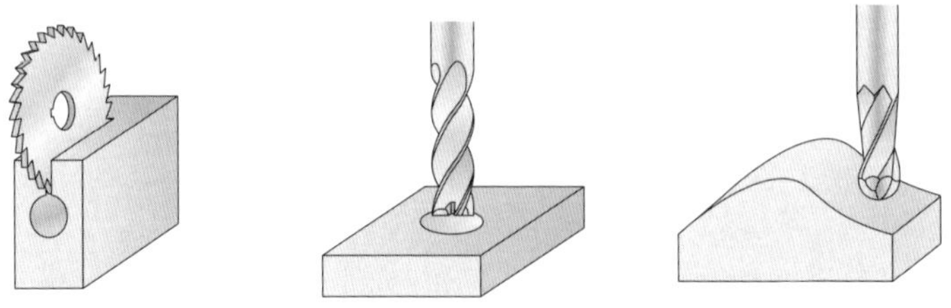

図6.8　フライス加工の事例２

工具の種類

フライス盤に使用する主な工具として「正面フライス」「エンドミル」「すり割りフライス」を紹介します。

[1] 正面フライス

工作物の外形など広い平面を削る際に用いる工具が「正面フライス」です。刃の外径はφ80～200mmといったように大きいので、効率のよい加工が可能です。カッターボディと呼ばれる本体に、切れ刃となる交換式のチップ（インサートともいう）をねじで固定して用います（図6.7のa図）。

[2] エンドミル

フライス盤といえばエンドミルを思い出すほどよく知られた工具です。側面や段差、溝などの狭い範囲の加工には、このエンドミルが最適です。

エンドミルの直径はφ3～30mmなどがよく使われており、φ0.1mmといった極細仕様も市販されています。エンドミルの特徴は、側面と底面の両方が切れ刃になっていることです（**図6.9のa図**）。ただし側面での加工がメインで、穴あけ加工は次項で紹介するドリルのほうが効率的に加工できます。

刃先形状により種類が分かれ、刃先先端エッジの半径Rがほぼゼロなのが「ス

クエアエンドミル」、丸みがついた「ラジアスエンドミル」は加工に適した半径Rをカタログから選びます。刃先の底面が半球状になった「ボールエンドミル」、側面がテーパ形状になった「テーパエンドミル」もあります（**同b図**）。

(a) 名称

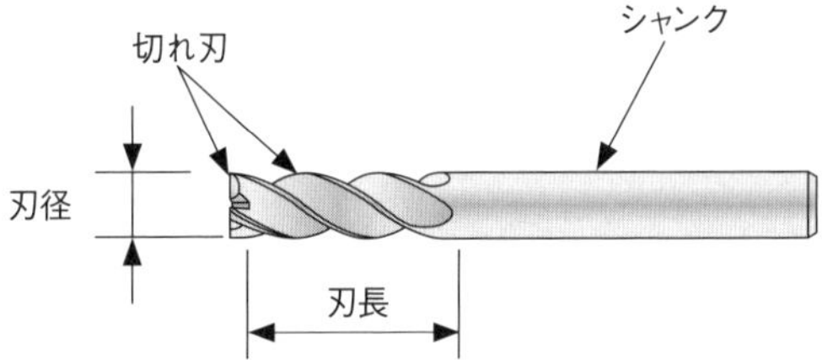

(b) 各種形状

名 称	形 状	加工事例
スクエアエンドミル		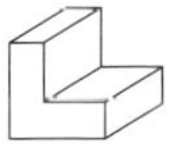
ラジアスエンドミル	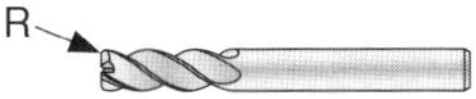	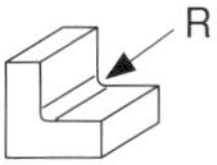
ボールエンドミル		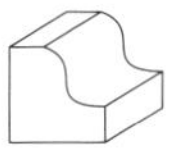
テーパエンドミル		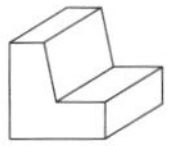

図6.9　エンドミルの名称と形状

[3] すり割りフライス

スリットと呼ばれる細い溝を加工する際には、刃先から回転中心まで同じ厚みの「すり割りフライス」や、刃先よりも回転中心に向かって徐々に薄くなる「メタルソー」を工具として、横フライス盤で用います（図6.8のd図）。

3つの加工条件と加工精度の目安

フライス加工の加工条件は旋盤加工と同じく「回転数」と「切り込み量」と「送り速度」になります（**図6.10**）。「工具の回転数が速いほど」「切り込み量が多いほど」「送り速度が速いほど」切削量は増えるので加工効率はよいのですが、加工精度や表面粗さが粗くなり、発熱による工具の摩耗といった不具合が生じます。そのため必要精度に応じた適正な加工条件が求められます。

フライス盤の加工精度の目安も旋盤加工と同じく、寸法精度で「±0.02mm」、表面粗さは算術平均粗さで「～Ra1.6」（旧記号で▽▽▽）程度になります。

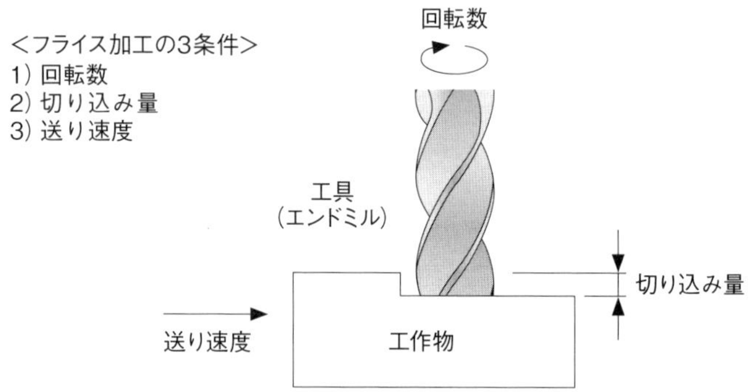

図6.10　フライス加工の3条件

フライス加工の自動化

フライス加工を自動化した工作機械が「NCフライス盤」と「マシニングセンタ」です。NCフライス盤のNCは、数値制御（Numerical Control）の意味で、プログラムにより工具の移動量や移動速度などを自動で制御します。工作機械メーカーによってはCNCと表示していますが、NCと同じ意味です。

このNCフライス盤に工具を自動交換する機能を追加したものがマシニングセンタで、略して「MC（エム・シー）」や「マシニング」とも呼びます。無人運転で一連の加工をおこなえるマルチな工作機械です。

3軸制御と5軸制御

工作機械の自動制御には「3軸制御」と「5軸制御」があります。3軸制御は、工具と加工物の相対位置を前後・左右・上下の3方向に移動させます。

これに対して5軸制御は、上記の3軸に回転と傾斜が加わります（**図6.11のa図**）。任意の角度の加工が必要な場合、3軸制御ではその角度に合った治具を準備する必要があり、角度を変更するたびに治具を交換する段取り作業をおこなわなくてはなりません（**同b図**）。

それに対して5軸制御であれば自動で角度を合わせて加工ができ、さらにスクリューやタービンブレードといった複雑な自由曲面をもった形状でも、軸の制御により高精度かつ高効率で切削することが可能になります（**同c図**）。

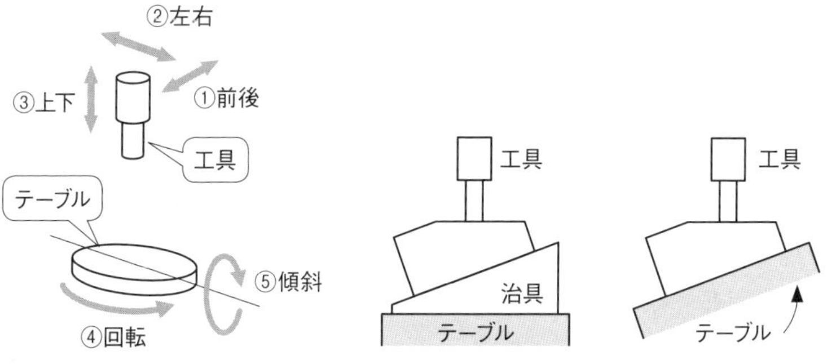

(a) 5軸制御　(b) 3軸制御の加工　(c) 5軸制御の加工

図6.11　3軸制御と5軸制御

6.3 ボール盤による穴あけ加工

穴あけ加工の狙い

穴をあける加工は、旋盤加工やフライス加工や、後述するレーザ加工や放電加工でも可能ですが、ここではもっとも一般的なボール盤による穴あけ加工を紹介します。

穴をあける目的は、ねじで固定するための「ねじ穴」のほかに、軸を差し込む「はめあい穴」や、ほかの部品との干渉を避けるための「逃げ穴」、旋盤加工で工作物の右端面を保持する「センタ穴」などがあります。この中で圧倒的によく使われている穴は「ねじ穴」です。

部品同士を接合するには、溶接やろう付け、接着といった多くの方法がありますが、いったん接合したあとから外したいときには破壊するしかありません。これに対してねじ固定は、何度でも脱着ができることが大きなメリットになるため、広く採用されています。

ドリルであけるきり穴

2つの部品をねじで固定するには、片方にねじを貫通させるための穴をあけ、もう片方には穴をあけたあとに、らせん状の「めねじ」を加工します。これらの穴あけの工具にドリルを使用し、ドリルであけた穴を「きり穴」と呼んでいます。

ドリルはボール盤に取り付けて加工します。ドリルの構成は、ボール盤の主軸に固定するためのシャンク、らせん状の溝、そして先端118°の切れ刃になります。らせん状の溝は、外周部が鋭利なので切れ刃に見えますが、これは切りくずを排出するのが目的です。もし切りくずが穴からうまく排出されなければ、切りくずで工作物を傷つけるリスクがあるうえに、ドリルの破損にもつながってしまうからです。

ストレートドリルとテーパドリル

ドリルの材質は高速度工具鋼（ハイス鋼）や超硬合金を使っており、ドリルの形状には「ストレートドリル」と「テーパドリル」があります。ストレートとテーパは刃の形状をあらわすのではなく、ドリルをボール盤の主軸に固定するシャンクの形状を意味しています。そのため「ストレートシャンクドリル」や「テーパシャンクドリル」ともいいます（**図6.12**）。

ストレートドリルの直径（ドリル径）はϕ13mmまでになります。直径ϕ13を超える径の穴あけには、シャンクの固定信頼性を確保するためにテーパドリルを使います。どちらも切れ刃の先端角度は加工効率のよい118°です。

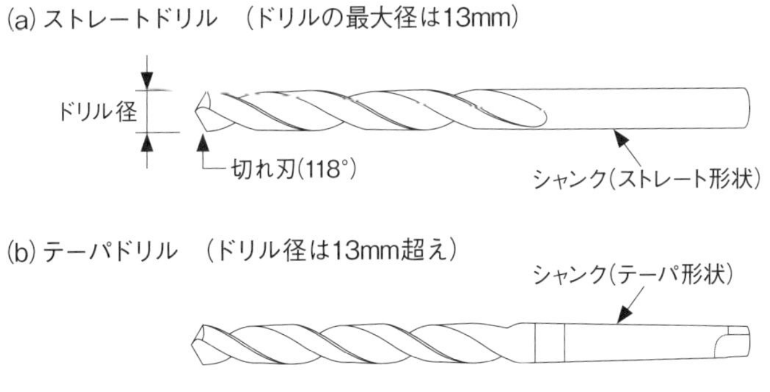

図6.12　ストレートドリルとテーパドリル

卓上ボール盤の構造

ドリルは主にボール盤で使用します。ボール盤には「卓上ボール盤」と「ラジアルボール盤」があり、現場でよく目にするのは作業台に固定された卓上ボール盤です。スイッチをONにすると後部にあるモータが回転し、その回転をプーリとベルトを介して、ドリルを固定した主軸に伝えます（**図6.13**）。

プーリは多段になっており、ベルトを掛け変えることで主軸の回転数を調整します。ドリルの上下動はハンドルを手で回す構造になっています。

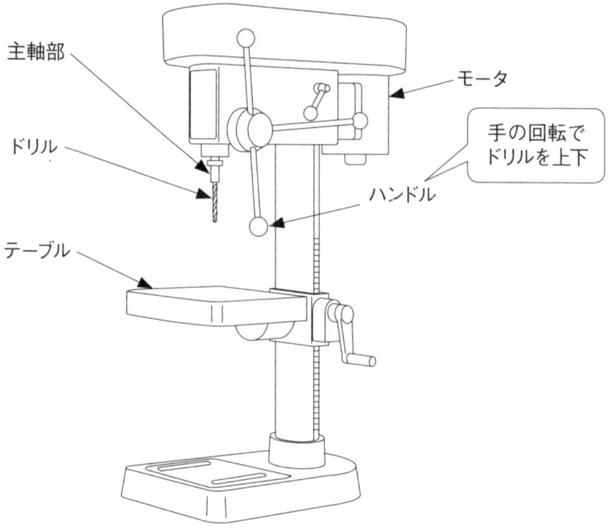

図6.13　卓上ボール盤の構造

ラジアルボール盤とドリルの使い分け

ラジアルボール盤は、床に据え置きの大型タイプです。主軸の位置は卓上ボール盤のように固定ではなく、揺動と前後方向の動きが可能なので、工作物は固定したままで、広い範囲の加工が可能です。大きい工作物や穴径の大きな加工に適しています。

卓上ボール盤で使用できるドリルはストレートドリルで、ドリル径は最大13mmまでが一般的です。「きり穴は13キリまで」といわれるのは、これが根拠になっています。直径が13mmを超える場合には、テーパドリルを使ってのラジアルボール盤での加工になります。

ボール盤での穴あけ作業と加工精度の目安

ドリルで穴あけをする前には、ドリルの先端を誘導するためのくぼみ（小穴）をあけておく必要があります。このくぼみがなければ、ドリル先端が工作物に接触した瞬間にぶれてしまい、正確な位置に加工ができません。

手順は、まず穴をあけたい位置にけがき針で軽く十字にキズをつけ、この十字の交点に先端がとがったペン形状の工具「ポンチ」を当て、軽くハンマーで叩いてくぼみをつけます。ポンチの代わりに「センタドリル」を使う場合もあります。この事前準備を終えてから、ボール盤できり穴を加工します。

きり穴の位置精度は、けがき位置のバラツキ、ポンチ位置のバラツキ、ドリル位置のバラツキが重なり、おおよそ「±0.3mm前後」が目安になります。またきり穴の直径精度は、材質や穴深さにもよりますが「ドリル径+0.1mm弱」がひとつの目安です。

高精度穴にはリーマ

高精度な穴径やなめらかな内面が必要な場合には「リーマ」と呼ぶ工具を用います。ドリルと異なり側面が切れ刃になっています(**図6.14**)。

事前にドリルで穴(下穴という)をあけてから、リーマで仕上げます。下穴の直径はリーマ直径より0.2mmほど小さくあけておくのが目安です。すなわち削り代《しろ》は片側0.1mmになります。

刃の形状がストレートの「リーマ」と、刃がテーパ形状になった「テーパリーマ」があります。主にボール盤やマシニングセンタを使用しますが、手回しで加工する場合もあります。穴と軸のはめあいによく使われる「H7公差」の穴はリーマで加工しています。H7公差は「はめあい公差」といい、1μm(1mmの千分の1)単位の高精度なレベルです(第12章12.3項参照)。

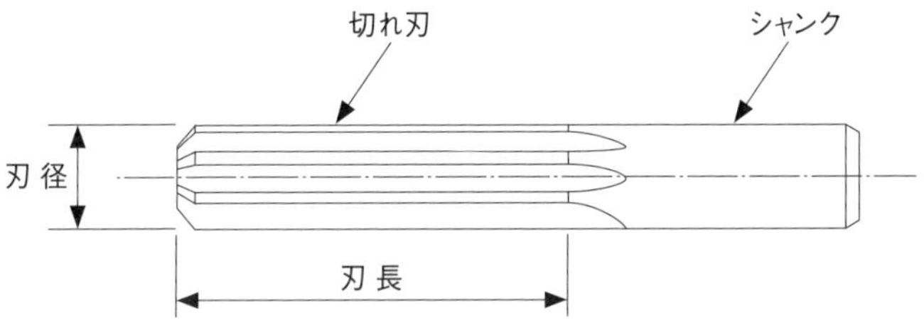

図6.14　高精度の穴加工に使うリーマ

めねじの加工

めねじ加工は、ドリルできり穴（下穴）をあけてからタップと呼ばれる工具で穴の内面にらせん状の溝を加工します。タップは3本一組になっており、タップ先端の食いつき部が長く削り代が少ない順に、1番タップ（先タップ）、2番タップ（中タップ）、3番タップ（上げタップ）になります。この順番にタップを回転させることで、めねじ加工をおこないます。

タップはタップハンドルを使って回します。こまかい切りくずが詰まりやすいので、こまめに逆回転させて穴から排出させます（図6.15）。

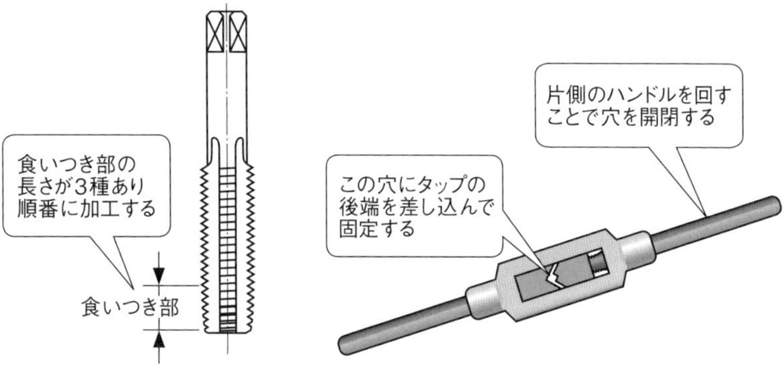

（a）タップ　　（b）タップハンドル

図6.15　めねじ加工に使う工具

ねじ山は何ピッチ必要か

ここで、めねじの加工寸法を紹介します（図6.16）。ねじ設計のポイントは、おねじがめねじに掛かる長さ（ねじ込み深さ）になります。このねじ込み深さは、めねじが鉄鋼材料の場合は「ねじ径と同寸法」が基本です。たとえばM6ねじの場合は、ねじ込み深さは6mmになります。また大きな力や振動、衝撃が加わる場合には「ねじ径×1.5倍」を目安にします。

めねじが鋳鉄やアルミニウム材料の場合には強度が弱いので「ねじ径×1.8

倍」が目安です。1.8倍は暗算しにくいので、2倍でよいと思います。このねじ込み深さに対して、適切な余裕をもたせて「ねじ深さ」の寸法を設定します。

カバーなどの力が加わらない場合には4ピッチが目安です。M6ねじの並目ピッチは1.0mmなので、ねじ込み深さは4mmあれば大丈夫です。

ねじは、この千年ほどの歴史で最高の発明とされています。当初はねじ寸法が標準化されていなかったため、おねじとめねじは現物合わせのペアで加工され、組み合わせが異なると使えないといった苦労があったようです。

(a)ねじ加工の寸法

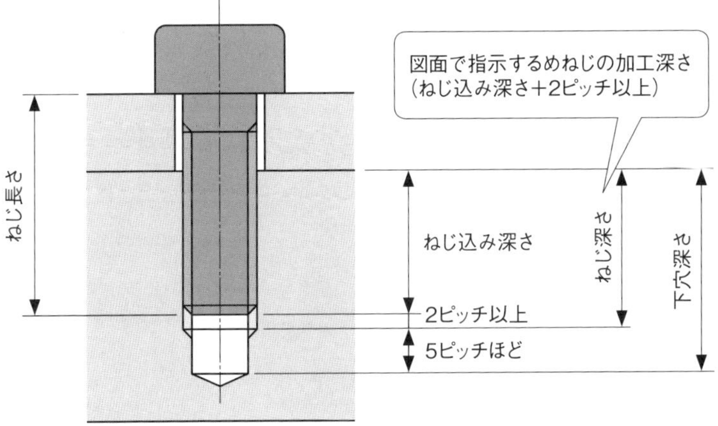

(b)ねじ込み深さの目安

めねじ材料の種類	ねじ込み深さの目安	M6の場合のねじ込み深さ(ねじピッチ1mm)
鉄鋼材料(鋳鉄を除く)		
一般的	ねじ径と同寸法	6mm
振動・衝撃・重荷重	ねじ径×1.5倍	9mm
軽荷重(カバーなど)	4ピッチの長さ	4mm
鋳鉄・アルミニウム	ねじ径×1.8倍	11mm

図6.16　ねじ加工の寸法とねじ込み深さの目安

平らな面をつくる座ぐり穴

座ぐり加工は、ドリルで穴あけしたあとに、もう一段大きな直径で穴をあける加工です。穴深さの違いにより「座ぐり穴」と「深座ぐり穴」があります。

前者の座ぐり穴は、荒れた表面をなめらかにするためで、穴深さは0.5～1mmが目安です。たとえば鋳物の表面はザラザラに荒れているため、この面でねじ固定するとねじが緩む原因になります。そのため座ぐり加工により、荒れた鋳肌を削って平らな面にします（図6.17）。

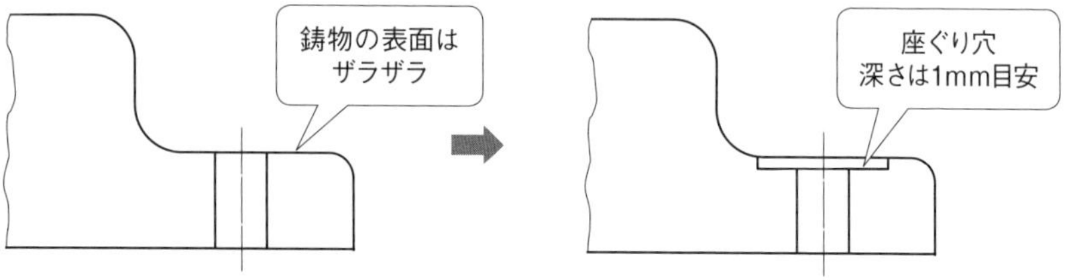

（a）座ぐり加工前　（b）座ぐり加工後

図6.17　座ぐり穴

ボルトの頭を隠すための深座ぐり穴

深座ぐり穴は、六角穴付きボルトで固定する際に、ボルトのねじ頭を隠すための加工です。六角穴付きボルトは締結力が高いので、機械部品の固定に汎用的に使われます。一方、ねじ頭に六角レンチを差し込むための六角穴が必要となり、ねじ頭が高いことが弱点で、固定後にねじ頭が大きく飛び出します。そこで深座ぐり穴の加工により、ねじ頭が深座ぐり穴に沈み込むことで、飛び出しをなくすことが狙いです（図6.18）。

深座ぐり穴の大きさは、六角穴付きボルトのねじ頭の直径と高さよりも少し大きめに設定します。これらの座ぐり加工には、専用の座ぐりドリルを用いる方法と、フライス加工のエンドミルで加工する方法もあります。

本項の最後に、穴加工のまとめを図解します（図6.19）。

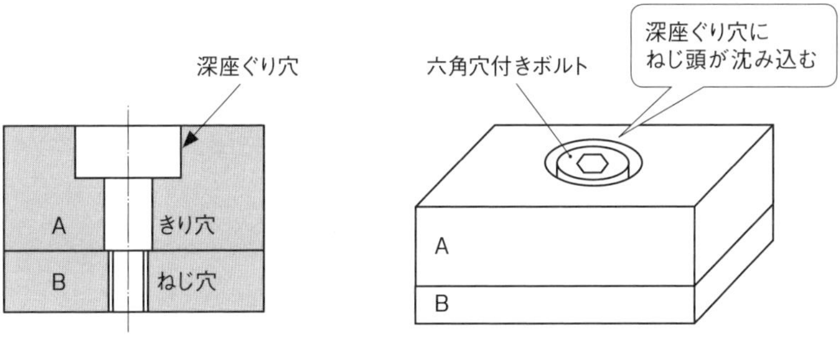

(a) 深座ぐり穴　　(b) ねじ固定

図6.18　深座ぐり穴

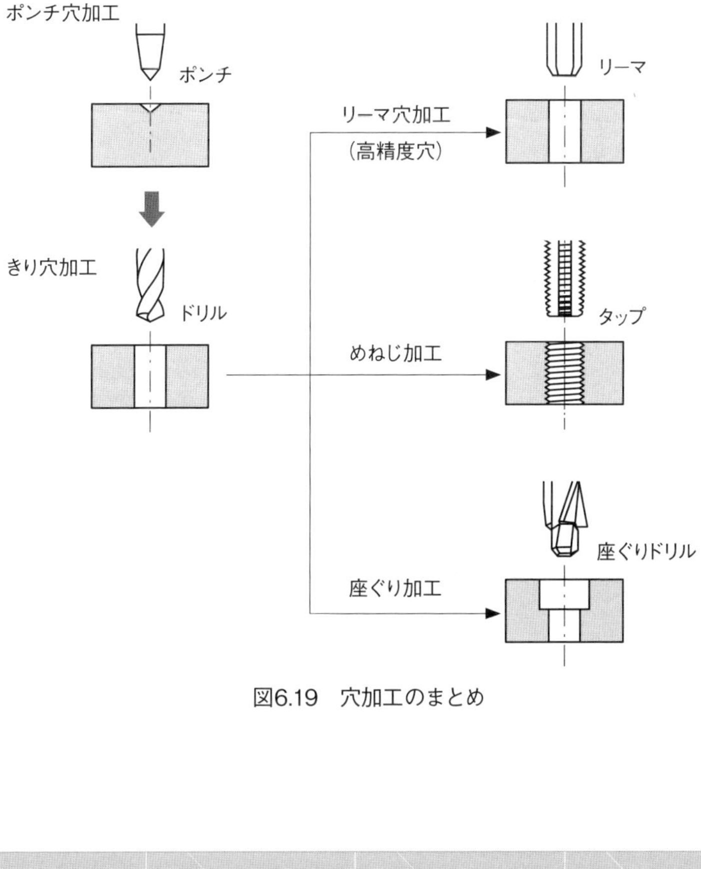

図6.19　穴加工のまとめ

6.4 仕上げの研削加工ときさげ加工

研削加工の3つの特徴

身近な研削加工は、砥石を使った包丁の研ぎです。研削加工の大きな特徴は工具にあります。これまで紹介した旋盤加工のバイトやフライス加工のエンドミル、穴あけ加工のドリルは切れ刃の数が1個もしくは数個ですが、研削加工では「砥粒」と呼ばれる無数の硬く微細な刃先で削ります。砥石はこの無数の砥粒を固めた工具になります。

では研削加工の特徴を見てみましょう。

[1] 非常になめらかな面に仕上げることができる

[2] 高い寸法精度に仕上げることができる

[3] 焼入れ・焼戻しをした硬い材料や超硬合金も加工できる

一方、1回当たりの削り代が少ないので加工時間が長くなり、削り代の大きさに比例して加工コストも上昇します。そのため最初から最後まで研削加工だけで完成させることはなく、旋盤加工やフライス加工、焼入れ・焼戻しのあとの「仕上げ」に研削加工をおこないます。

研削加工と研磨加工の違い

砥粒を固めた砥石を用いる加工を狭義の「研削加工」、砥粒を固めずに研磨剤としてそのまま使う加工を「研磨加工」といいます(**図6.20**)。

研削加工は形状ごとに専用の研削盤を用いる一般的な加工法と、さらに高精度に加工する「ホーニング」や「超仕上げ」があります。

一方、身近な研磨加工は歯磨きになります。歯磨き粉には、歯の着色を落とすための研磨剤が入っています。研磨加工の種類には、「バレル研磨」「サンドブラスト」「バフ研磨」「ラッピング」があります。

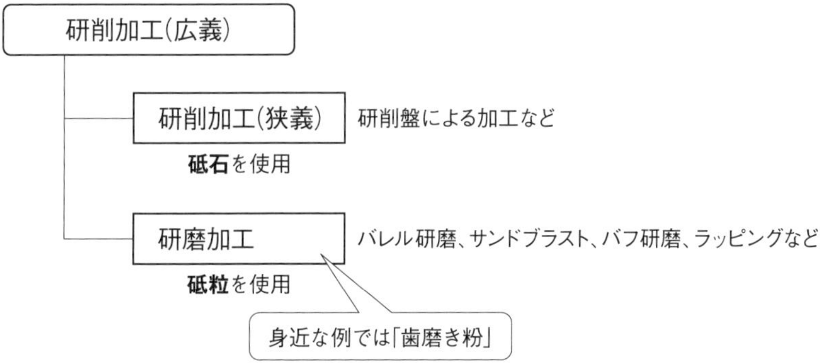

図6.20　研削加工と研磨加工

研削加工の分類

研削加工には、工作物の形状に合わせて平面に削る「平面研削」、円筒や円柱といった丸形状の外周面を削る「円筒研削」、穴の内面を削る「内面研削」があります。それぞれ専用の研削盤を用いて加工します(**図6.21**)。

平面研削盤は平面を加工するための工作機械です。円盤状の砥石を回転させ、その円周面で削る横軸形平面研削盤が主流で、ほかには砥石の平面部で加工する立て軸形研削盤があります。

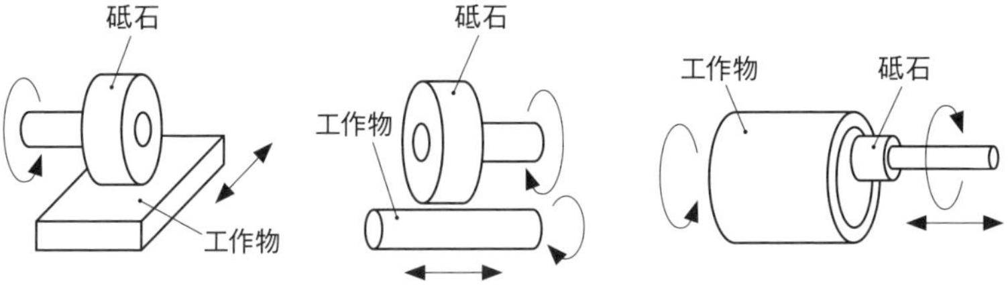

(a) 平面研削　(b) 円筒研削　(c) 内面研削

図6.21　研削加工の種類

横軸形と立て軸形の平面研削盤

横軸形平面研削盤は、砥石を回転させる主軸部と、工作物を固定するテーブル部で構成されます。主軸部の砥石は「回転」と「上下動」を、テーブル部は「前後」と「左右」に移動する構造です（機種によってはテーブルが上下動）。

立て軸形平面研削盤は回転軸が垂直方向になっており、砥石の平面部を使って工作物を加工します。接触面積を大きくできるので、加工効率に優れています。

これら平面研削盤のユニークな点は工作物の保持に、磁力によるマグネットチャックを用いる点です。変形の原因になる締めつけ力を加えないので、精度のよい加工が可能になります。磁性のない工作物の場合には、真空吸引や精密バイスで固定します（**図6.22**）。

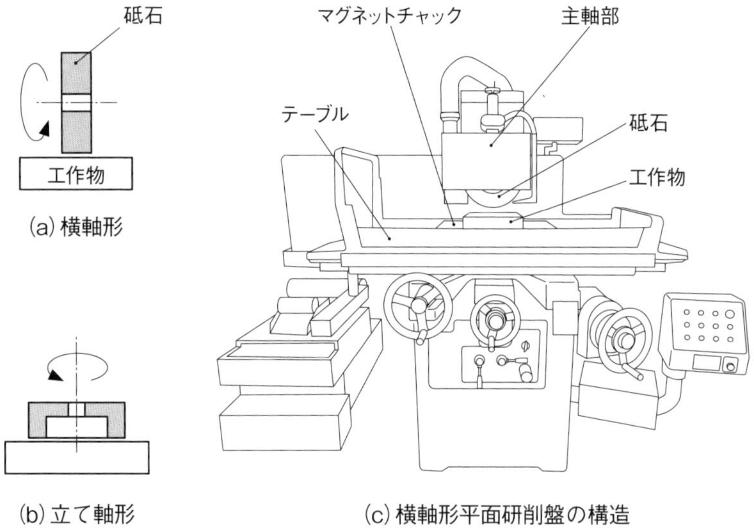

図6.22　平面研削盤の種類と構造

円筒研削盤と心なし研削盤

丸形状の外周面を研削する場合には、円筒研削盤を用います。基本構造は旋盤と似ており、工作物の左側をチャッキングし、右端面を心《しん》押しセンタで支えて、回転する工作物に砥石を接触させて加工します（**図6.23のa図**）。

円筒研削盤の一種である「心なし研削盤」は、工作物を固定せず、重力で砥石に接触させて加工します。作業性に優れ、加工が容易で、工作物にセンタ穴をあける必要がないといった特徴があり、細いピンやパイプの外面を研削するのに適しています（**同b図**）。

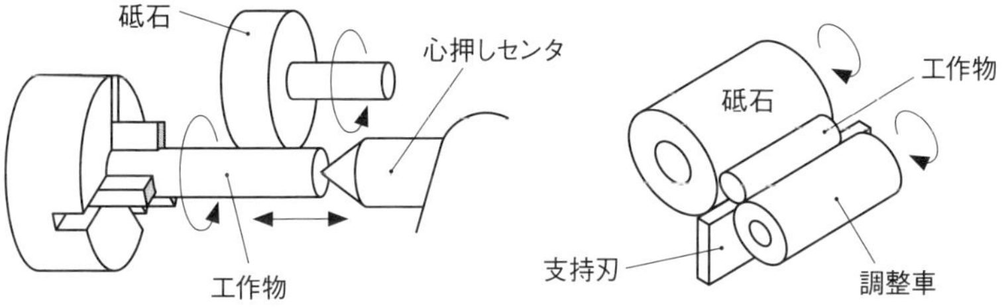

(a) 円筒研削盤　(b) 心なし研削盤

図6.23　円筒研削盤と心なし研削盤

砥石の構造と切れ刃の自生作用

工具の砥石は「砥粒」「結合剤」「気孔」で構成されています。鋭い角が切れ刃になる砥粒を結合剤で保持しており、砥粒と結合剤の間にあるスキマを気孔といい、切りくずの排出を助けると同時に、加工で生じる熱を放出する役割を果たします。

砥石には「切れ刃の自生作用」と呼ばれる現象があることも特徴です。バイトやエンドミルは切れ刃が摩耗してくると切削できなくなります。しかし砥石の場合は摩耗して削りにくくなると、反力が生じて砥粒が自然に脱落して内側の砥粒が現れて、新しい切れ刃により連続して加工ができるのです。

研磨加工の種類

研磨加工は、砥粒を固めずにそのまま研磨材として使用する加工法です。「バレル研磨」「サンドブラスト」「バフ研磨」「ラッピング」といった種類があります（図6.24）。

バレル研磨は、バレルと呼ぶ回転する研磨槽に工作物と砥粒を投入し、工作物表面の突起凸を除去します。バリ取りから鏡面仕上げまで広く活用されており、このバレル加工で材料表面の赤さびを除去する裏技もあります。

サンドブラストのサンドは砂、ブラストは突風の意味なので、こまかい砥粒を高速で噴射させて工作物に当てることで表面を削る加工です。バリ取りやさび落としや塗装落としなどに用いられ、石に文字を彫り込む加工にもこのサンドブラストが利用されています。

バフ研磨は、砥粒を塗布した布を高速回転させて、工作物を当てることにより表面をピカピカの鏡面に仕上げます。

最後のラッピングは、定盤と工作物の間に砥粒と油を混合したラップ液を入れて、圧力をかけながら相対運動させることにより高精度でなめらかな面に仕上げます。ブロックゲージやレンズの加工に用いられます。

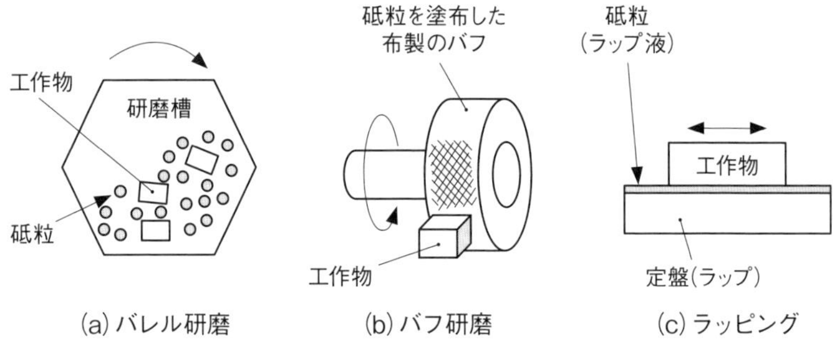

図6.24　研磨加工の種類

手作業によるきさげ加工

きさげ加工は、表面を完全に近い平面にする加工です。1μmのレベルのくぼみ凹凸を、スクレーパと呼ぶノミ状の工具により、手作業で平らに加工します。加工した面にはうろこ状の模様ができます。機械加工よりも精度が高いので、工作機械の基準面や摺動《しゅうどう》面に適用します。きさげ加工の手順は、

[1] 平面を必要とする表面に赤色などの染料を塗る
[2] 基準となる定盤とすりあわせる
[3] 表面の凸箇所は染料がとれて凹箇所には染料が残る
[4] 染料がとれた凸箇所をスクレーパで削る
[5] 定盤とのすりあわせで染料の濃淡がなくなるまで [1]〜[4] 繰り返し

ここで基準となる[2]の定盤は「三面擦り」により完全な平面をつくります。三面とあるように3つの定盤を用意します。これをA、B、Cとすると、まずAとBをすりあわせて密着するまで互いの凸箇所を削ります。ただし密着したといってもAとBが湾曲して密着している可能性もあるので、次にBとCを同じようにすりあわせ、次にCとAをすりあわせることを何サイクルか繰り返すことで、A、B、Cともに完全な平面を得ることができます。

料理に使う砥石も使用するに従って、中央箇所にへこみ凹が生じます。そこで砥石を3つ用意して三面擦りにより修正することができます。

不思議なリンギング

完全に近い平面で鏡面レベルのなめらかな表面をもった2つの部品の面同志を合わせると、リンギングという現象により、密着して離れなくなります。

たとえば測定器の原器となるブロックゲージ2つを十字状に合わせてから90°回転させると、ピタッと密着して、どれだけ引っ張っても離れません。90°反転させて元の十字に戻せばスーッと離れます。このリンギング現象がおこる原理はいまだに解明されていないことも不思議さを倍増させます。

6.5 材料取りとバリ取り

材料取りとは

切削加工の最後に「材料取り」と「バリ取り」を紹介します。市販材料は、定尺寸法と呼ばれる一定の大きさで販売されています。たとえばSS400やS45Cの平鋼では、第5章の図5.6や図5.7のように幅と厚みにはバリエーションがそろっていますが、長さは3mや4mといった定尺寸法になっています。

この定尺品や現場にある寸法の長い在庫品を用いる場合、工作機械にセットする前に必要な寸法に合わせて切断する必要があり、この加工を材料取りといいます。なお材料商社に依頼して必要な長さに切断して納入してもらうことも可能です。

材料取りに使用する工作機械

材料取りした切断面は粗くなるので、仕上げの削り代や、加工時に固定するためのつかみ代を考慮して、必要な外形寸法よりも少し大きめに切断します。

この材料取りに使われる工具と工作機械を紹介します（図6.25）。

[1] 金のこ

手作業で使う金属用のこぎりです。薄物や小物部品の切断に適しています。このほかの手作業では、金ばさみや糸のこも使用します。

[2] コンタマシン

のこ刃を輪のようにつなげて、一方向に循環させる構造の工作機械です。テーブルの上で、工作物をのこ刃に押しつけることにより切断します。

[3] 弓のこ盤

固定した工作物の上にのこ刃を乗せると、のこ刃が自動で往復運動して切断する工作機械です。

[4] メタルソー切断機

回転刃で切断する構造になっています。刃の形状や直径、厚みにバリエーションがあります。

[5] シャーリングマシン

工作物を上刃と下刃にはさみ込んで切断する工作機械です。はさみと同じ構造です。板金をこの機械で切断すると、きれいな切断面が得られます。鉄鋼材料では6mm以下の切断が可能です。

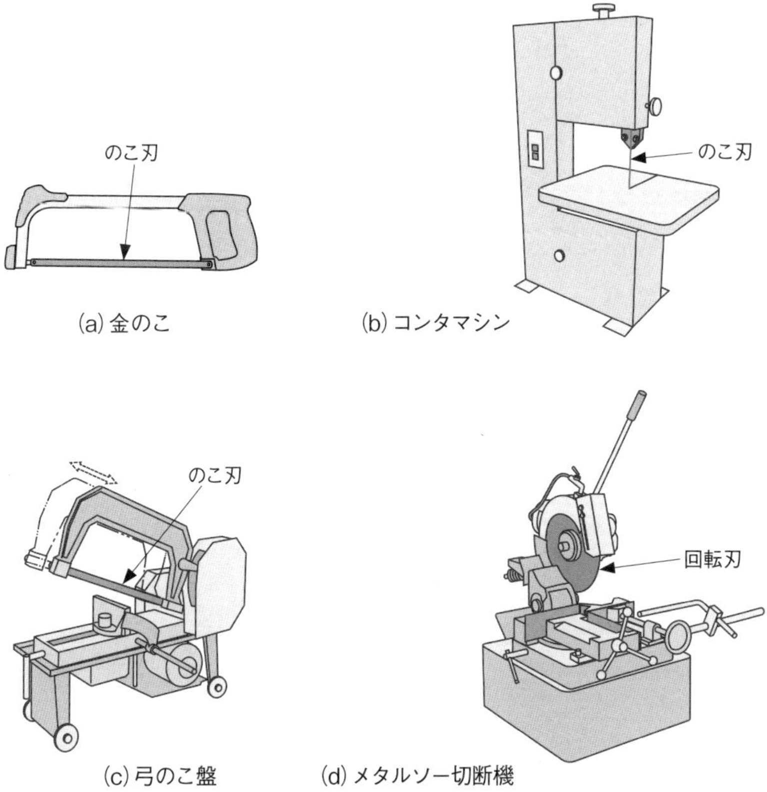

図6.25　材料取りの工具と工作機械

バリの問題点

次にバリ取りについて説明します。バリは、加工で発生した残留物が加工面の角に付着して残ったものです。このバリは作業者のスキルではなく、物理的な原因で発生する現象で、次のように多くの問題点があります。

[1] ケガのリスク　バリは鋭利なので触れると手が切れる

[2] 寸法精度の悪化　バリが付着した状態で測定すると異常値になる

[3] 組み立て精度の悪化　バリが付着したまま組み立てると精度が悪化

[4] 故障や摩耗のリスク　脱落したバリが摺動部や回転部に混入すると、こじれや故障、摩耗の原因になる

バリの発生原因

バリは多くの加工法で発生します。切削加工の場合は、加工面の最終端が倒れ込む変形がバリになります(**図6.26**)。

板金加工ではパンチ(上型)とダイ(下型)にスキマ(クリアランス)があるので、片面にはダレ(丸み)が、反対側の面にバリが発生します(第7章図7.2参照)。鋳造や射出成形では、分割した鋳型を組み合わせた面のスキマに流れた材料がバリになります。

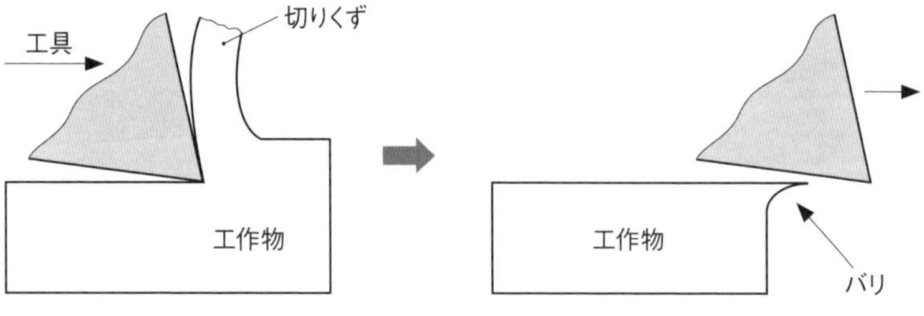

図6.26　切削加工で生じるバリ

バリを除去する工具と図面の指示

バリがなるべく出ないように加工条件の工夫によって最小化を狙いますが、ゼロにすることは困難です。そのため多くの場合、加工者が手作業で除去します。スクレーパや砥石、バリ取りブラシ、エアグラインダといった工具を用います。外面のバリだけではなく、穴の内側に付着したバリ取りも専用の工具や穴径よりも大きめのドリルを手回しすることで除去します。

バリ取り加工の図面指示は、昔は「糸面取り」と記入していましたが、いまはC面取りで指示します。C面取りとは、直角面の角に45°の面をつける加工のことです。手作業のためバリだけを除去することは難しいので、このC面取り加工をおこないます（**図6.27**）。

バリ取りのC面取り寸法は、C0.1〜C0.3（単位はmm）が適しています。C0.5以上になると作業負荷が大きくなるので避けるのが無難です。

C面取りの図面指示方法については、第12章12.1項で紹介します。

(a)発生したバリ　(b)理想　(c)C面取り

図6.27　バリ取り

Column

モノづくり現場に足を運ぶ

頭の中で考えたことが実際に形となって姿をあらわすのは、モノづくり現場です。徐々に形になっていくおもしろさがあるのはもちろんのこと、現場にはあらゆる情報があふれています。特にモノづくりの問題点や改善点は、この現場で明らかになります。

設計段階で見逃された不具合や図面の寸法ミスといった問題は、加工や組立、調整作業の中で判明します。また原材料の発注タイミングや発注数が適正でなければ、現場には原材料在庫があふれ、あるいは完成品在庫が過剰に発生します。このように効率のよいモノづくりを妨げる要因が、誰でも目で見てわかるのが、モノづくりの現場です。

そのためモノづくり現場に足を運んで、自身が担当する職務の視点から、自分の目で確認し、作業者に話を聞くことはとても大切です。開発担当の方は現場を見ると、自分で考えたことが形になる実感を持てるだけでなく、加工や組立担当者からの指摘事項によって設計のスキルを向上させる絶好の機会になります。ときにはキビシイことも言われますが、前向きに捉えてください。品質管理や生産管理を担当する方も、計画どおりの品質と日程でつくれているのか、うまくいっていないなら、その原因はどこにあるのかを現場を見ながら考えてみてください。

モノづくり現場はこういった情報の発信源なのですが、もっと基本的なこととして、誰が開発したのか知らない、誰が加工しているのかわからないというモノづくりと、お互いの想いを理解してつくるモノづくりでは違う結果が出てくると思うのです。開発は本社で、モノづくりの工場と離れている場合もあると思いますが、工場へ打ち合わせに行った際には、帰りの電車を1本遅らせてでも、現場に立ち寄りたいものです。

加工編

第7章

型を使う成形加工と接合加工

7.1 金型で変形させる板金加工

量産に適した成形加工

切削加工は工具で工作物を少しずつ削って形をつくりましたが、成形加工は金型や砂型といった「型」を使い、一気に形をつくる点が特徴です。型のコストが高く初期投資が大きい一方で、つくりはじめれば短時間で加工できるため生産性が高く、量産品に適しています。

プラスチック製品を筆頭に、私たちの身の回りの多くの製品は、この成形加工でつくられています。

成形加工には、主に次の6種類があります。

[1] 金型で切断や曲げをおこなう「板金加工」

[2] 溶かした金属を鋳型に流し込んで固める「鋳造」

[3] 溶かしたプラスチックを金型に流し込んで固める「射出成形」

[4] 金型に強い力を加えて変形させる「鍛造《たんぞう》」

[5] 回転するロールにはさみ込む「圧延加工」

[6] 金型の穴に材料を通す「押出し加工」「引抜き加工」

板金加工の種類

では板金加工から見ていきましょう。金属の板金に金型を押しつけて変形させるので「プレス加工」とも呼びます。板金加工には変形の違いにより「せん断加工」「曲げ加工」「絞り加工」「バーリング加工」があります(**図7.1**)。

鉄鋼材料の中でも軟らかいSPCC(冷間圧延鋼板)や、アルミニウム合金板が主な加工対象になります。なお板金加工品は厚みが薄く強度が低いため、大きな力を受ける構造部品には適しません。

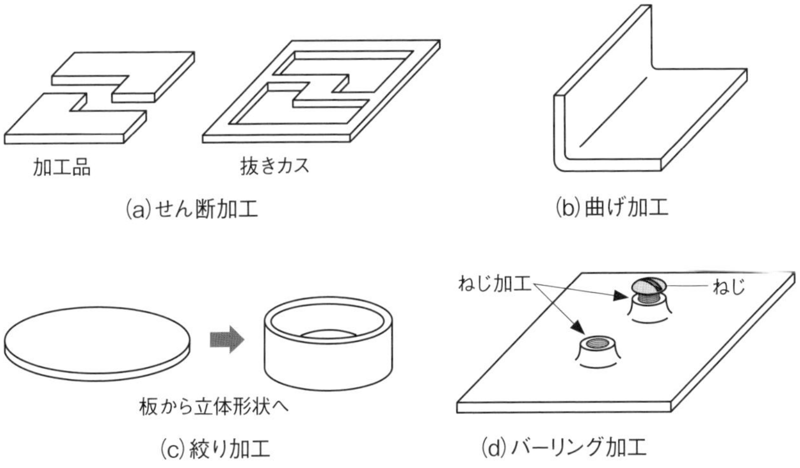

図7.1　板金加工の種類

ハサミと同じせん断加工の原理

せん断加工は、紙をハサミで切るのと同じ原理です。金型を用いて、板金を切断する、丸穴や角穴をあけるといった加工になります。上側の金型（上型）をパンチ、下側の金型（下型）をダイと呼びます。

せん断加工の原理は次のようになります（**図7.2**）。

[1] パンチが下降しパンチとダイの切れ刃が板金に食い込む

[2] 切れ刃付近の板金が急激に伸ばされ、伸びの限界を超えてき裂が発生

[3] き裂同士がつながりせん断が完了

パンチとダイとのスキマをクリアランスといい、板金の材質と板厚から決まります。一般的には片側クリアランスは、板厚の5～10%になります。せん断加工後の切断面は上面にはダレが、下面にはバリが生じます。

ダレやバリを小さくするには、クリアランスは小さいほうが好ましいのですが、小さくなるほどせん断に大きな力が必要になり、金型の寿命も短くなってしまいます。このバランスを見て適正なクリアランスを設定しています。

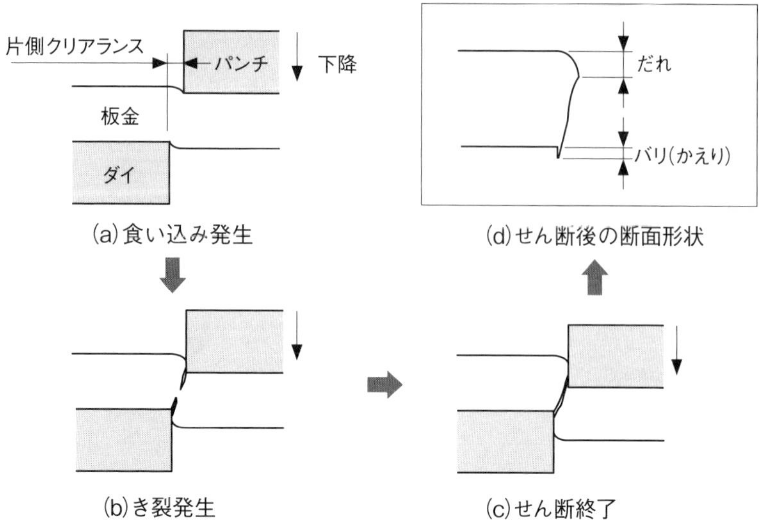

図7.2　せん断加工の原理

曲げ加工前の展開長

曲げ加工は、平面の板金に金型を当てて任意の角度に折り曲げる加工です。一見、簡単に曲がりそうに思いますが、「展開長」や「スプリングバック」といったノウハウが必要になります。

切削加工の場合は、必要な材料の外形寸法（幅・高さ・奥行き）は図面から直接読み取れます。それに対して板金の曲げ加工では、図面には折り曲げたあとの完成品寸法しか記されておらず、曲げる前の寸法（これを展開長という）はわかりません。

理想は完成寸法に加えて「展開長」と呼ぶ折り曲げ前の寸法情報も記された図面です。しかし実務では完成品寸法しか描かれていないのが一般的です。これは単に製図の手間を省いたわけではなく、展開長を出すことが容易ではないからです。たとえばL形状に折り曲げる場合には、2辺の直線部と曲げ部の曲線の長さを足せばよさそうに思えますが、そうはなりません。

曲げ加工では、板の内側は圧縮され、外側は引き伸ばされます。板の内部には圧縮もされず引き伸ばされもしない面（これを中立面という）がありますが、この中立面は必ずしも板厚の中心にこないからです。曲げの半径が小さいと、中立面は板厚の中心よりもやや内側にきます。計算式はあるものの、板厚や材質によって条件が変わってきます（**図7.3**）。

この折り曲げが1枚の板金の中で2段、3段に増えれば、展開長の算出はさらに複雑になります。こうした理由から、設計者は心の中で申しわけないと思いながら図面には完成品寸法のみを記して、展開長は加工者に任せています。

曲げが戻るスプリングバック

L形状に曲げる際、90°に折り曲げれば完成するかというと、曲げたあとに力を抜くと、曲げが少し戻ってしまう現象がおこります。これをスプリングバックと呼びます。すなわち90°に曲げたい際には「90＋α°」と90°よりも深めに曲げて、スプリングバックで戻った形がちょうど90°になるように調整します。

また曲げ部には、必ず曲げ半径が生じます。なお鉄鋼材料の最小曲げ半径は、板厚寸法と同等がひとつの目安になります。たとえば2.0mmの板金であれば、曲げ半径も2.0mmになります（同図）。

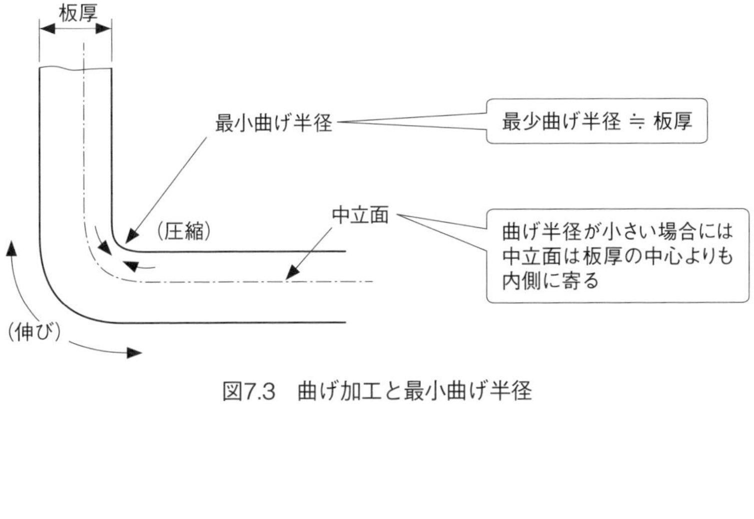

図7.3　曲げ加工と最小曲げ半径

立体形状をつくる絞り加工

絞り加工は、1枚の平板からコップ形状のような立体形状に変形させる加工です（**図7.4**）。アルミ合金の灰皿がイメージしやすいと思います。平たい円板を絞り加工によって立体化し、灰皿の形状にしています。クルマのドアやボンネットも元は一枚の平板からつくった絞り加工品です。

材料はアルミ合金やSPC材のように軟らかく伸びやすい性質が適しています。硬いと亀裂が生じてしまうからです。そのため絞り加工は、直径に対して深さの比率が高くなるほど難易度が高まります。一般に直径と深さの寸法関係が「直径＞深さ」の加工を「絞り加工」、「直径＜深さ」を「深絞り加工」と呼んでいます。ビールのアルミ缶は深絞り加工によりつくられています。

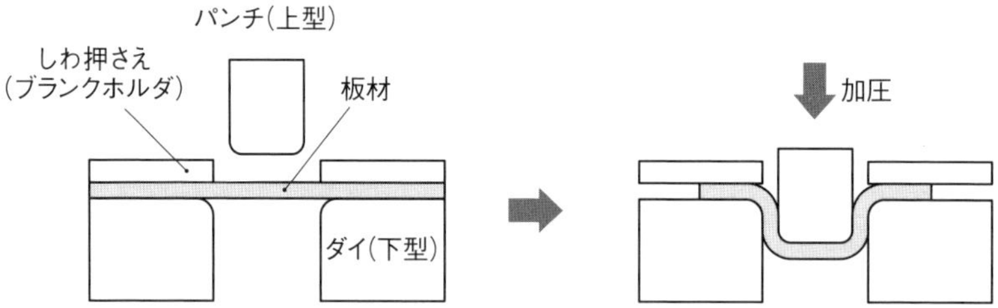

（a）金型に板材セット　　（b）加圧

図7.4　絞り加工の原理

プレス機の種類

板金加工において金型を上下させる手段には、手動でおこなう「エキセンプレス」と自動で動く「機械プレス」や「サーボプレス」があります（**図7.5**）。

エキセンプレスは、ハンドルを回転させるとヘッドが上下する機構で、テーブルに金型を取り付けてプレスします。サーボプレスは、サーボモータを用いることにより、金型の上下スピードや停止位置をプログラムで容易に設定することが可能です。

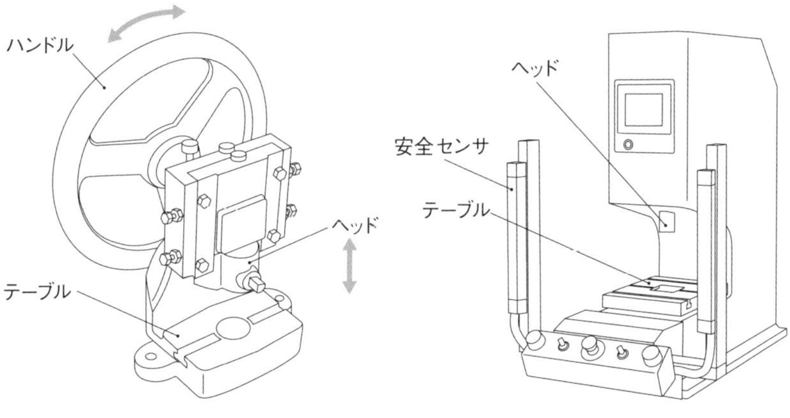

図7.5　エキセンプレスとサーボプレス

板金にねじをつくるバーリング加工

バーリング加工は、板を引き伸ばして厚みを増やす加工法です。バーリング加工を活かした事例が、板金へのねじ加工です。

ねじは通常、ねじ径と同じ長さのねじ込み深さが必要です（第6章図6.16参照）。たとえばM4であれば4mm、M6なら6mmの厚みが必要ですが、板厚2mmの板金にM4ねじが欲しい場合、そのままでは板厚みが足りません。そこでバーリング加工を活かします。

ドリルで板金に下穴をあけたあとに、この穴径よりも少し太めのピン形状の専用工具であるバーリングパンチを打ち込みます。すると穴の縁の材料が引き伸ばされて凸状に突き出し、厚みが疑似的に増すので、ここにタップでねじ加工を施します。大胆な加工法ですが簡単にできるので、身近な製品にも広く使われています（**図7.6**）。

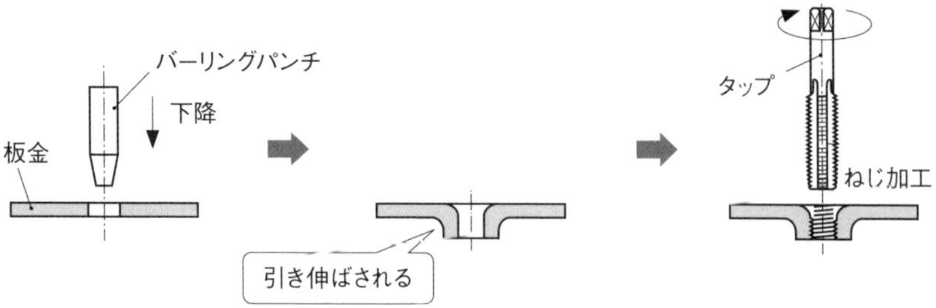

図7.6　バーリング加工

板金にプレスナット

板金にねじ加工をしたい場合に「プレスナット」を使う方法もあります。プレスナットは、一般の六角ナットの片面に段がついた形状をした市販品です。

板金にドリルで下穴をあけたあとに、このプレスナットの段つき側を打ち込んで使用します。そのために段つきの先端はくさび形状で、段の外周はギザギザになっており、抜け止めと回転防止の役割を果たします（**図7.7**）。

このように別部品のプレスナットをめねじとして使うことで、バーリング加工よりもねじの信頼性は高くなります。

図7.7　プレスナット

7.2 溶かして固める鋳造

材料を溶かして型に流し込む加工法

鋳造は材料を溶かしておこなう加工法です。液状にしてから欲しい形状の空洞をもった型に流し込み、冷やして固まれば完成です。複雑な形状を一気に形にできる点と、材料にムダがなく加工の効率がよい点が大きな特徴です。

身近に見られるマンホールの蓋は鋳造でつくられています。蓋の表面には、網目模様やご当地の風景があしらわれています。この模様を切削加工でつくるのは至難の業ですが、鋳造ならお手のものです。

一方、切削加工に比べて表面粗さは粗く寸法精度も劣るため、なめらかさや寸法精度が必要な場合には、鋳造後に切削加工で仕上げます。

なお鋳造で使用する型を鋳型といい、できたモノを鋳物と呼びます。

汎用的な砂型鋳造法

鋳造の方法として汎用的な「砂型鋳造法」から紹介します。まず欲しい形状の模型を木材や樹脂や金属でつくります。この模型を砂の中に埋め、砂を固めたあとに模型を取り出せば、空洞をもった鋳型ができます。砂でつくった型なので砂型といいます。砂の中から模型を取り出せるように、模型も型枠も上下に分割できる構造になっています。

この砂型に溶けた金属（湯という）を流し込み、冷えて固まったら砂を崩して製品を取り出します。最後に金属を流し込む湯口や、ガス抜き穴に流れ込んだ余分な箇所を切り落とせば完成です（**図7.8**）。

製品を取り出すときに砂型を壊すので、砂型は一度かぎりの使い捨てになりますが、空洞の元となる模型は何度も使いまわしをします。

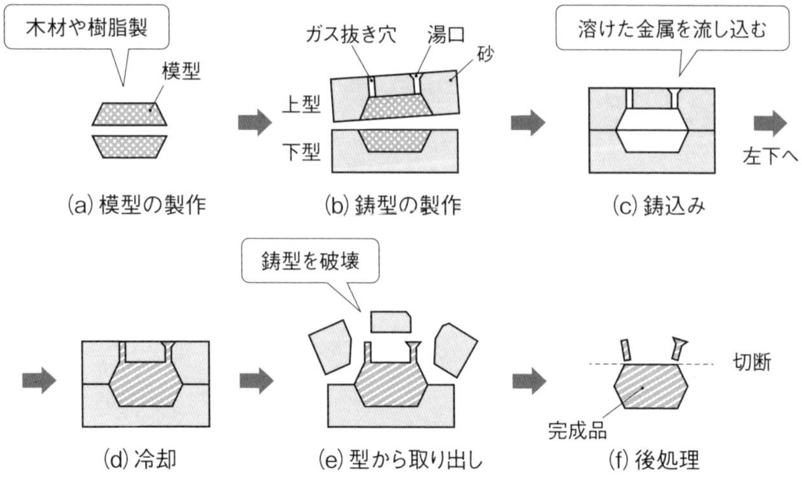

図7.8　砂型鋳造法の工法

鋳物材料と鋳型の種類

使用する鉄鋼材料は、鋳鉄のFC材やFCD材を用います（第3章3.5項参照）。鋳鉄は炭素量が多いので、硬く耐摩耗性にも優れます。また振動吸収性もよいので、工作機械のテーブルやフレームに使用されています。アルミ合金の場合には、鋳造用材料のAC材やADC材を使います（第4章4.1項参照）。

鋳型は型に使う材質の違いにより、砂を固めた「砂型」と鉄でつくった「金型」に分かれます。溶かす材料が鋳鉄の場合、鋳型を同じ鉄鋼材料でつくるわけにはいきません。そのため型には砂を使います。砂だけでは固まらないので、粘着剤を混ぜて用いています。

一方、鋳物材料がアルミ合金の場合は、融点（溶ける温度）が低いので、鋳型を鉄鋼材料でつくることができます。そのため少量生産では型のコストが安い砂型を用い、大量生産する場合には金型を用います。金型の製作コストは高くなりますが、一度かぎりの砂型と異なり、使いまわしできる点がメリットです（図7.9）。

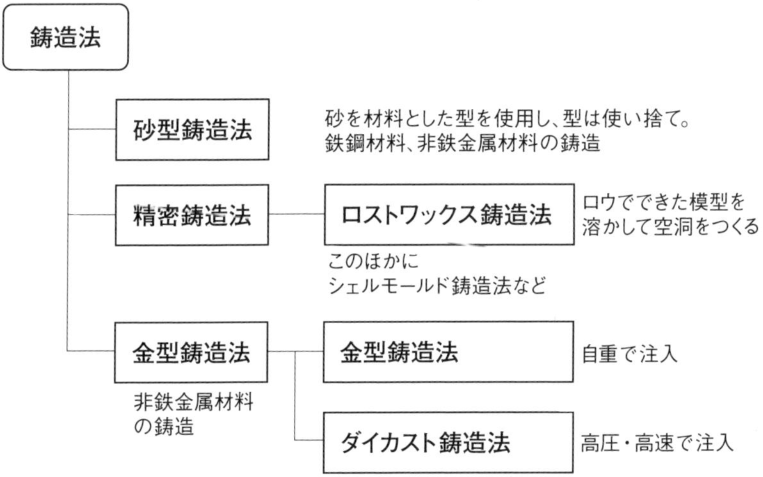

図7.9　鋳造法の種類

鋳造のノウハウ

鋳造におけるノウハウのひとつは模型の設計です。模型の寸法は欲しい完成品寸法に合わせるのではありません。鋳造では熱が加わり膨張した状態で空洞に注がれます。冷えて固まるに従って収縮するため、この「縮み代《しろ》」を見込んで大きめの寸法にしなければなりません。また鋳造後に切削加工をおこなう箇所があれば、この「削り代」を見込む必要もあります。

また砂型の場合には、砂で固めたあとに模型を取り出さなければならないので、取り出す際に砂を崩さないように模型には「抜きこう配」が必要になります。こうした深いノウハウがあるので、鋳物を設計する際には、構想段階で鋳造メーカーとの技術打ち合わせがきわめて有効です。

ロウを溶かすロストワックス鋳造法

鋳造法のひとつに、ユニークな「ロストワックス鋳造法」があります。融点の低いロウでつくった模型を石膏《せっこう》で固めたら加熱し、ロウを溶かすことで空洞を形成します（図7.10）。

ロストワックス(Lost-Wax)は、ワックスすなわちロウが消え去ることで空洞ができるという意味で、砂型鋳造のように模型を取り出す必要がありません。指輪などの宝飾品はこの工法でつくられています。

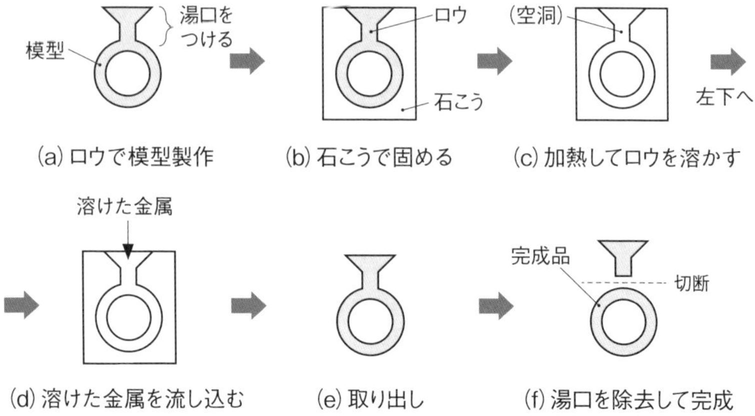

図7.10　ロストワックス鋳造法での指輪加工

圧力をかけるダイカスト鋳造法

ダイカスト鋳造法は、流し込む材料がアルミ合金といった融点の低い非鉄金属材料の場合に、砂ではなく鉄鋼材料でつくった鋳型で成形する方法で、「ダイキャスト鋳造法」ともいいます。

ここまで紹介してきた鋳造法では、空洞には材料の自重で充てんされますが、ダイカスト鋳造法は材料に圧力をかけながら高速で型に流し込むため、複雑で薄肉な形状でも高い寸法精度をもった成形品が得られることが特徴です。クルマのエンジンやトランスミッションなどの加工に用いられています。

アルミ合金材料では「ADC材」を用います。一般の鋳物材料はアルミの頭文字と鋳造Castingの頭文字をとったAC材というのに対して、このダイカスト鋳造用の材料は、AとCの間にダイカストDie Castingの頭文字Dが入り、ADC材になります。

7.3 射出成形と鍛造

プラスチックは射出成形

加工時に溶かす材料が金属の場合は「鋳造」で、プラスチックが材料の場合には「射出成形」になります。加熱して軟化したプラスチックに圧力を加えながら金型に流し込み、冷却してから金型を開いて取り出します。

身の回りの多くのプラスチック製品はこの射出成形でつくられています。射出成形機に、オリジナルで設計した金型をセットして生産します(**図7.11**)。

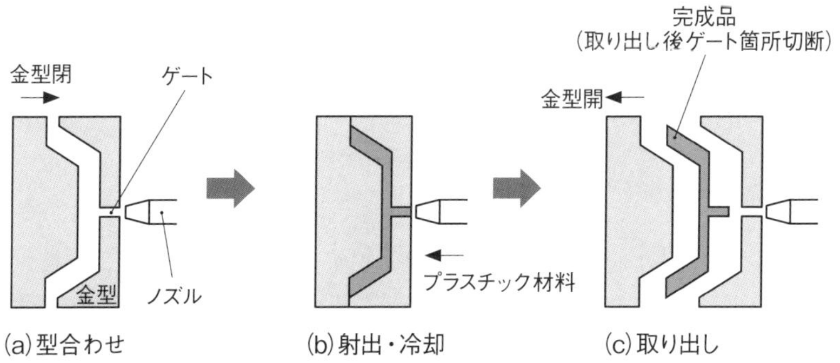

図7.11　射出成形の工法

射出成形のノウハウ

射出成形も金型の設計がポイントになります。プラスチックは温度変化に大きく左右され、線膨張係数は金属よりも1桁大きいので、金属よりも10倍以上大きな変化分を見込んだ金型寸法にしなければなりません。

また金型内を流れる際の先頭のプラスチックは温度が下がって固まりやすいので、金型自体の温度制御も大切です。特に枠のように流れが合流する形状では、プラスチック材料の合流点に「ウエルドライン」と呼ばれるかすかな線状の跡が残ってしまうのですが、これも合流する材料の温度差が大きいほど顕著になります。

材料を流し込む入口をゲートと呼び、このゲートを製品のどの位置にもってくるかも大切な検討項目です。金型に安定して注入できる位置であることと、射出成形機から取り出したあとにカットして除去するため、カット跡が外観品質に影響を与えないことが求められます。

ボトルをつくるブロー成形

ペットボトルやシャンプーボトルのように中空の容器をつくる場合には、「ブロー成形」で加工します。ブローは「吹く」という意味で、風船のように吹いてふくらませる工法です。チューブ状の材料を熱した金型ではさみ込み、空気を流して材料を金型の内壁に押しつけることで形をつくります（**図7.12**）。

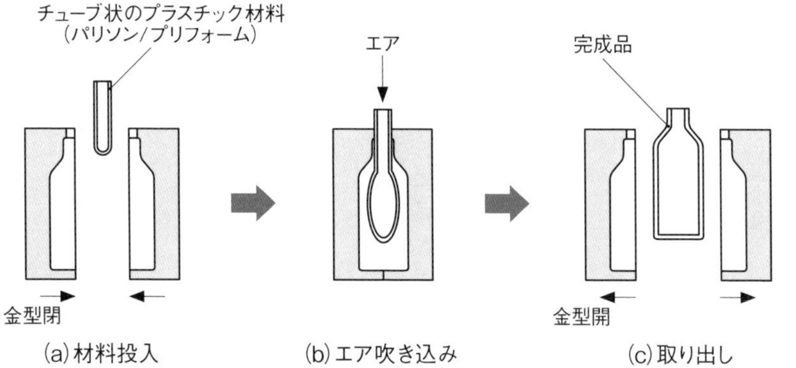

図7.12　ブロー成形の工法

鍛えてつくる鍛造

次の鍛造《たんぞう》は鍛えて造ると書くように、ハンマーや金型で金属に大きな力を加えて形をつくると同時に、金属組織を緻密にすることで頑丈さを向上させる加工法です(図7.13)。

その代表例は日本刀の加工です。真っ赤に熱した鉄をハンマーで叩いている光景をテレビ番組などで見たことがあるかと思います。この加工では、形をつくりながら、鉄を強く鍛えています。

またクルマのタイヤを装着するホイールは、通常はアルミ合金の鋳造品ですが、スポーツカーなどの高級車では鍛造品を採用しています。強度が高いので材料の使用量が少なくて済み、おおよそ20%の軽量化につながります。これにより走行性能が向上し、燃費もよくなります。

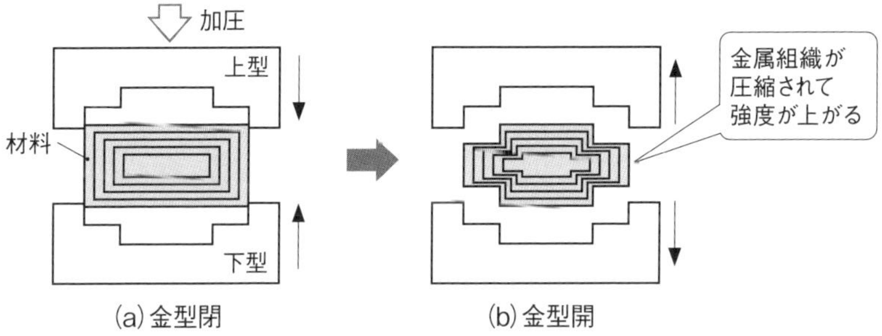

図7.13　鍛造の工法

熱間鍛造と冷間鍛造

鍛造を加工温度で分類すると、数百℃に加熱しておこなう「熱間鍛造」と、常温でおこなう「冷間鍛造」があります。金型にとっては、どちらも過酷な条件にさらされます。熱間鍛造では材料が高温のために金型も熱で傷みやすくなります。

その一方、冷間鍛造ではより大きな力が必要になるので、プレス機も出力の大きな仕様となります。見上げるような大きさのプレス機を見かけることも珍しくありません。

同じプレスでも、板金加工では加工前と加工後の材料の厚さは変わりませんが、鍛造では材料の厚さが変化することも大きな違いです。

7.4 圧延加工と押出し加工と引抜き加工

圧力をかけて伸ばす圧延加工

圧延加工は回転するロールの間に材料を通すことで、所定の形状をつくる加工法です。そば打ちで練ったそば粉を、めん棒で伸ばす作業と同じ原理で、圧力をかけて引き伸ばします。市販されている棒材や板材は、この圧延加工によりつくられています(**図7.14**)。

材料を熱した状態での加工を「熱間圧延」、常温での加工を「冷間圧延」といいます。第2章2.5項で紹介したように、鉄鋼材料では熱間圧延した材料の表面には黒さびが生じます。この材料は一般に「黒皮材」と呼ばれています。黒さびは皮膜が緻密なため、いったん材料表面に形成されると保護膜となり、それ以上さびは進行しません。

熱間圧延した材料の黒さびを除去してから、常温で圧延するのが冷間圧延です。冷間圧延した材料表面はとてもなめらかで、厚みの寸法精度も高く「ミガキ材」と呼ばれます。

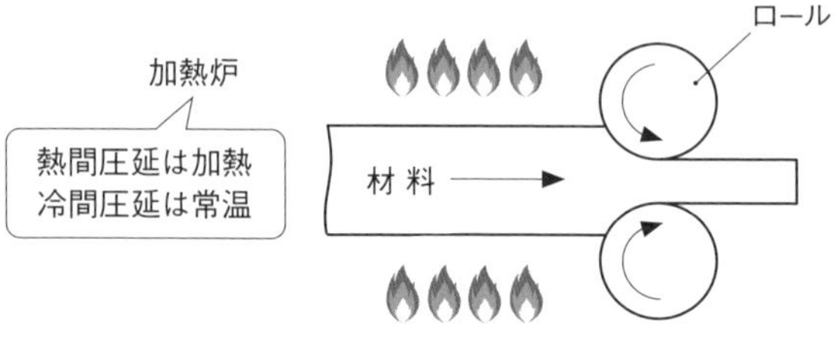

図7.14　圧延加工の工法

押出し加工と引抜き加工

欲しい断面形状の穴があいた金型（ダイスという）に材料を通すことで、長尺の製品をつくる加工が「押出し加工」と「引抜き加工」です（**図7.15**）。

押出し加工は、食材のところてんをつくるのと同じイメージです。どこを切っても断面は同じ形状になります。アルミサッシや生産設備に使われるアルミフレームは、この加工法でつくられています。加工性のよいアルミ合金（A6063など）は押出し加工に最適な材料です。

押出し材よりも高い寸法精度やなめらかな面が必要な場合や、パイプ形状の肉厚を薄くしたい場合には、引抜き加工をおこないます。引抜き加工に使用する材料は、事前に押出し加工した材料を使うのが一般的です。

押出し材の先端を細くして、金型（ダイス）に通してから、先端をつかんで引き抜いていきます。押すか引くかの違いに加えて、押出し加工は材料を500℃前後に熱しておこなう熱間加工で、引抜き加工は常温でおこなう冷間加工になります。

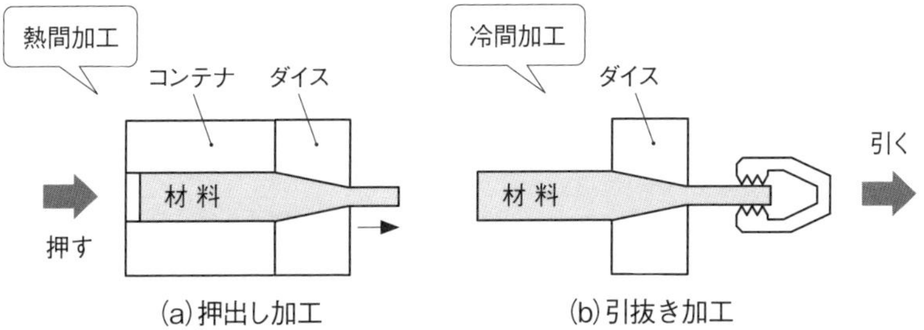

図7.15　押出し加工と引抜き加工

7.5 材料をくっつける接合加工

接合加工の特徴

ここからは加工の大分類の3つめとなる「接合加工」を紹介します。材料同士をくっつける接合加工には、溶接、ろう付け、ねじ締め、はめあい(圧入)、接着、リベットなど、さまざまな方法があります(図7.16)。

この中で特徴的な接合方法は、溶接とねじ締めです。溶接は金属同士を熱で溶かして金属結合させるため、もっとも信頼性が高い接合方法になります。

一方、唯一何度でも取り外しが可能な方法がねじ締めになります。ねじ締め以外の接合方法では、いったん接合すると取り外すには破壊するしかありません。

このようにそれぞれ一長一短があるので、用途に応じて適した方法を選択します。本項では「溶接」「ろう付け」「接着」の順に見ていきましょう。

接合方法	接合の信頼性	取り外しの容易性	特徴
溶接	◎	×	接合強度はもっとも高い
ろう付け	○	×	母材を溶かさず接合
ねじ締め	○	◎	取り外しが可能な唯一の方法
はめあい(圧入)	○	△	ねじが使えない軸の接合に有効
接着	△	×	加工コストが安い
リベット	○	×	ピンを使って固定する方法

図7.16　各接合方法の特徴

コストダウンを狙う溶接

溶接は、金属部品同士を一体化させる接合加工です。たとえば金属材料でT字形状やL字形状の部品をつくりたいとします。鉄やアルミの塊からフライス盤で削る方法もありますが、外形寸法が大きい場合には、切削加工では削り代が大きくなるために、加工時間が延びるうえに材料のムダが生じます。

これに対して、2枚の板材同士を溶接すれば、加工時間が短くて済み、材料のムダもなく、コストダウンの効果が期待できます。なお溶接では接合する金属材料を「母材」といいます。

溶接は信頼性の高い接合方法ですが、溶接時の熱により材料にひずみが生じるので、寸法精度が必要な場合には、溶接したあとに熱ひずみをフライス加工などで切削して仕上げる必要があります。

そのため一概に溶接がよいわけではなく、部品の外形寸法が小さいときは部材から削り出す切削加工で、寸法が大きくなれば溶接が適します（図7.17）。

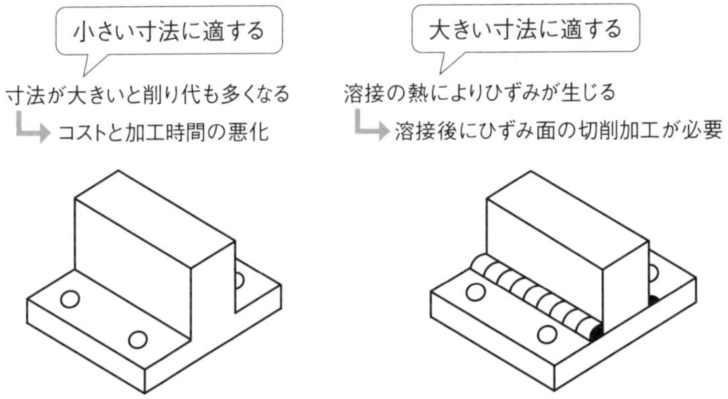

(a)切削加工　　(b)溶接

図7.17　切削加工と溶接

汎用的な被覆アーク溶接

溶接の大分類は、電気が熱源の「電気溶接」と、ガスが熱源の「ガス溶接」に分かれます。ここでは電気溶接を紹介します。

電気溶接には、溶接棒や溶接ワイヤを用いる「アーク溶接」と、溶接棒を必要としない「抵抗溶接」があります（**図7.18と図7.19**）。

アーク溶接は、雷と同じ原理で電位差による放電（アーク）によって火花放電をおこし、3000℃以上の高温にして母材と溶接棒（もしくは溶接ワイヤ）を溶かすことで一体化します。一般的な溶接棒は電極を兼ねており、電気を流しながら溶接棒が溶けるので消耗品扱いになります。

汎用的な「被覆アーク溶接」は、溶接棒が被覆材（フラックス）で覆われています。被覆材はアークを発生しやすくし、溶接時にガスとなって溶接部を覆い、酸素や窒素の侵入を防いで溶接を安定させます。

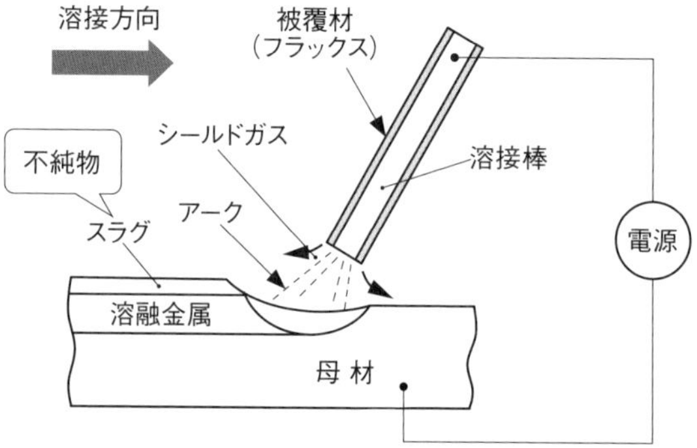

図7.18　被覆アーク溶接の概要

溶接の品質向上を狙うガスシールド溶接

被覆アーク溶接よりも品質の向上を狙ったアーク溶接を「ガスシールドアーク溶接」と呼びます。ガスでシールドするアーク溶接の意味です。

溶接部を大気から遮断するためのガスを個別に供給し、酸化物や窒化物の

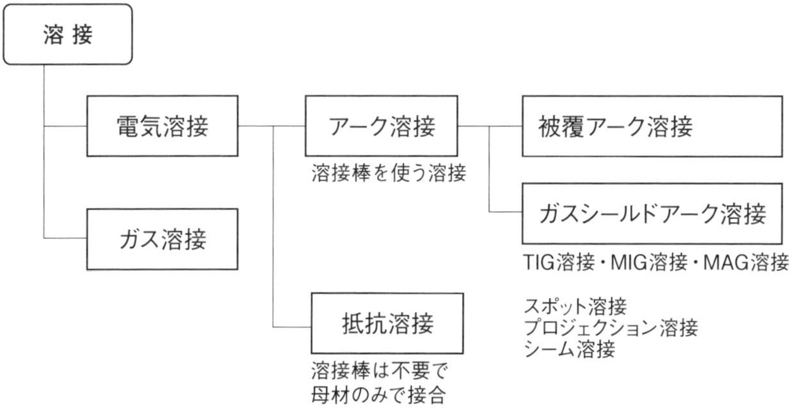

図7.19　溶接の分類

形成を防いで安定した溶接を可能にします。

使用するガスの種類により、アルゴンガスやヘリウムガスを用いた「TIG溶接（Tungsten Inert Gas）」や「MIG溶接（Metal Inert Gas）」、比較的安価な炭酸ガス単体または炭酸ガスとアルゴンとの混合ガスを用いた「MAG溶接（炭酸ガスアーク溶接、Metal Active Gas）」があります。

溶接棒が不要な抵抗溶接

電気溶接の一種である抵抗溶接は、板材同士を重ねて電気を流し、接触部の電気抵抗によるジュール熱で母材を溶かしたうえで、力を加えて接合する方法です。アーク溶接と異なり、溶接棒や溶接ワイヤを必要としません。

溶接部には電極で押さえた打痕（くぼみ）がつきますが、アーク溶接のような盛り上がった痕（ビード）は表面に残らないため、外観をきれいに仕上げることができます。また局部的な溶接なので、溶接熱によるひずみや変形が少なく、溶接の作業時間が短いことも特徴です。

抵抗溶接の種類としては、溶接箇所が1点の「スポット溶接」、多点の「プロジェクション溶接」、ローラー形状の電極を母材の上を転がしながら連続で溶接する「シーム溶接」があります（図7.20）。

スポット溶接はクルマのボディの接合に採用されています。溶接ナットの接合には、多点のプロジェクション溶接が用いられています。溶接ナットは4点の突起があり、板金上に置いたナットを電極で押しつけて電気を流し、この4点で接合します。

シーム溶接は連続溶接なので、密閉性を必要とする場合に適しています。

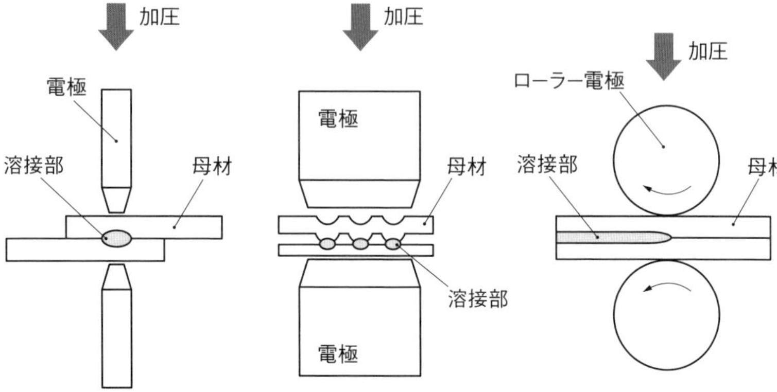

(a)スポット溶接　(b)プロジェクション溶接　(c)シーム溶接

図7.20　抵抗溶接の概要

母材は溶かさないろう付け

次のろう付けは、接合させたい母材よりも低い温度で溶ける金属(これをろうという)を使います。接合する2つの母材のスキマに、溶かしたろうを毛管現象によって流し込み固める接合方法です。溶接との一番の違いは、母材自体は溶けない点です。ろうの材料には、銀、銅、アルミニウム、ニッケルなどを用います。母材は溶けないので薄板や精密な部品や複雑形状の接合に適することや、異なる金属同士の接合も可能なことが特徴です。

はんだ付けは、スズと鉛の合金をろうとして使用したろう付けの一種で、歴史は古く奈良の大仏の建造にも使われています。現在は有害である鉛を含まない「鉛フリーはんだ」が普及しています。

1液性接着剤と2液性接着剤

接合させたい母材のスキマに流し込む材料が金属の場合がろう付けで、金属以外の材料を用いる場合が接着になります。自然界のデンプンやトウモロコシ、松ヤニを使ったものと、有機化合物の樹脂を使ったものがあります。

接着剤は「1液性接着剤」「2液性接着剤」「瞬間接着剤」「紫外線硬化型接着剤」に分類されます。

1液性接着剤は、キャップを外して空気に触れた瞬間から硬化を開始します。家庭工作物の接着によく使われる「セメダインC®」が代表的です。2液性接着剤は、本剤と硬化剤の2液を混ぜ合わせた瞬間から硬化がはじまり「アラルダイト®」がよく知られています。

瞬間接着剤と紫外線硬化型接着剤

身近でも使われている「アロンアルファ®」は瞬間接着剤で、常温で短時間に硬化することが特徴です。家庭でも使われる接着剤ですが、軍手をはめた状態で接着作業をしてはいけません。接着剤が布に染み込むと毛管現象で一気に広がり、急速に化学反応が進行して高温になり、火傷《やけど》の危険をともなうからです。

紫外線硬化型接着剤の特徴は、紫外線（UV）の照射により、硬化のタイミングを制御できることです。生産設備上で接着をおこなう場合にはこの接着剤が用いられます。短時間で硬化させることが可能で、前述の1液性や2液性の接着剤では設備を停止させても硬化は止まりませんが、紫外線硬化型接着剤では紫外線の照射を止めて硬化をストップさせることが可能です。

余談ですが、接着剤でモノ同士が接合する原理は、アンカー効果や分子間引力（ファンデルワールス力）、化学反応による結合などの説があるものの非常に複雑で、いまだに解明されていません。

Column

工場見学のおもしろさ

いまの時代は容易に「動画」で情報を収集できます。文章やイラストとは違い、動きを見られるのは大きなメリットです。この動画視聴よりもさらに効果的な方法は、実物を自分の目で見ることだと思います。その絶好の機会が工場見学です。多くの企業が顧客に自社の魅力を感じとってもらうために見学の場を提供しています。身近な製品としてビール工場やお菓子工場の見学会はその一例です。

一方、同業他社の見学ができれば、自社との比較もできて理想なのですが、なかなかそのチャンスは少ないと思います。そこで業種が違ってもお奨めするのは、原材料の高炉メーカーと、組み立てが中心になるクルマメーカーの工場見学です。すなわちモノづくりの前工程と後工程になります。

高炉メーカーの圧延工程では、真っ赤に熱された鉄の塊がロールを通過するたびに、長く伸びていく（薄くなるので長さが伸びる）ダイナミックな迫力に圧倒されます。またクルマは3万点の部品で構成されていますが、その多くは手作業での組み立てになります。いろいろな車種が混流してラインを進んでいく中で、どのように部品を供給し、いかにして間違えることなく取り付け作業をおこなうのか、といった生産管理や品質管理や作業効率の面で、業種が違ってもとても参考になります。

工場見学のもうひとつの利点は、疑問を感じたらすぐに何でも質問できることです。見学会では質問の時間を設けてくれてはいるのですが、ほかの参加者もいる中では、なかなか手をあげにくいものです。そこで見学中には必ず移動がともなうので、その移動時間に説明員の方に声を掛ければ、遠慮することなく気軽に質問できます。臨場感にあふれた工場見学は理屈抜きにおもしろいので、ぜひチャンスをみつけて参加してみてください。

加工編

第8章

特殊加工と熱処理と表面処理

8.1 局部的に溶かす特殊加工

力以外のエネルギーで加工

これまで紹介してきた切削加工や成形加工のように力を加える「動的な加工」ではなく、力以外のエネルギーを用いた「静的な加工」を、本書では特殊加工に分類しています。この特殊加工にはレーザ加工や放電加工、エッチングといった方法があり、いずれも材料の一部を局部的に溶かして形をつくります。工具が工作物に接触しないため、変形しやすい薄肉部品や精度を必要とする部品や、他の加工法では難しい複雑形状の加工に適しています。

それではレーザ加工から見ていきましょう。

光エネルギーを用いるレーザ加工

講習会や報告会などで説明者がスクリーン上を指し示すレーザポインタは、レーザ光を使っています。レーザ光は優れた直進性が特徴で、太陽光を虫眼鏡で一点に集中させると紙がこげるのと同じように、レーザ光を一点に集中させると金属を溶かすほどのパワーになります(図8.1のa図)。

このレーザ光を用いたレーザ加工の特徴は、

[1] バイトやエンドミルといった「切削工具が不要」

[2] 工作物に力が加わらないので「変形が生じにくい」

[3] エネルギーが集中するので「熱ひずみも少ない」

[4] ダイヤモンドなどの「高硬度な材料も加工が可能」

[5] レーザ光の軌跡を「プログラムで自由に設計できる」

[6] 切り代《しろ》が少ないので「材料の歩留まりに優れる」

[7] 「複雑な形状や微小な加工も可能」

[8] ただし反射率の高い純アルミニウムや純銅はレーザ加工に適さない

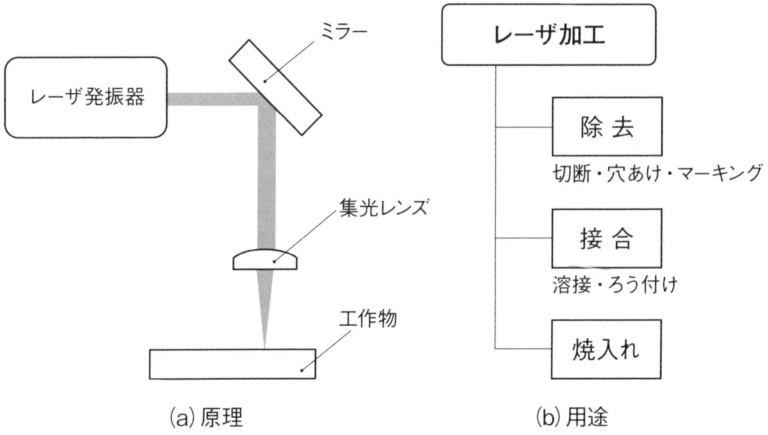

図8.1　レーザ加工の原理と用途

レーザ加工の用途

これらの特徴によってレーザ加工は「除去」「接合」「焼入れ」といった用途に活かされます。よく使われるのは除去加工で、レーザ加工機の性能にもよりますが、鉄鋼材料では板厚み12mm前後までの切断や、厚さ0.1mmの金属板に直径φ0.01mmといった微細な穴を加工することができます。

また工作物の表面を部分的に除去して微細な文字や記号を描くマーキングにも適しています。局部的に加熱できるので、溶接やろう付けといった接合加工や焼入れの熱源としても使われます（**同b図**）。

電気エネルギーを用いる放電加工

放電加工は、工具の役割をもつ電極と工作物との間に電圧をかけ、わずかなスキマの間で放電をおこし、数千℃の高温の火花で工作物を溶かす加工法です。電気が流れる材質であれば、焼入れした材料や超硬合金といった非常に硬い材料であっても、非接触で高精度に加工することができます。

成形加工に使用する金型は、硬く高精度で複雑な形状が多いので、この放電加工が適しています。

形彫り放電加工の特徴

放電加工には、方式の違いにより「形彫《かたぼ》り放電加工」と「ワイヤ放電加工」があります。

形彫り放電加工は、加工したい形状を反転させた形の電極を工具として用います。電極自体は銅やグラファイト(黒鉛)といった軟らかい材料を用います。

絶縁性の高い灯油や脱イオン水といった加工液の中で、電極と工作物を向かい合わせて火花をおこし、発生した熱により工作物を溶かします。ゆっくりと電極を工作物の方向へ進めながら、1μm(1mmの千分の1)レベルの高い加工精度を得ることができます(**図8.2**)。

このように、軟らかく加工しやすい材料を使った工具で、切削加工では硬くて加工しにくい材料を高精度に加工できることが大きな特徴です。

弱点は、加工速度が遅いため加工時間がかかることと、電極が消耗することです。加工精度が高い場合には、荒加工用と仕上げ加工用の2本の電極を使い分けるといった工夫をします。消耗した電極は保管しておき、別部品の電極に転用するなど有効活用します。

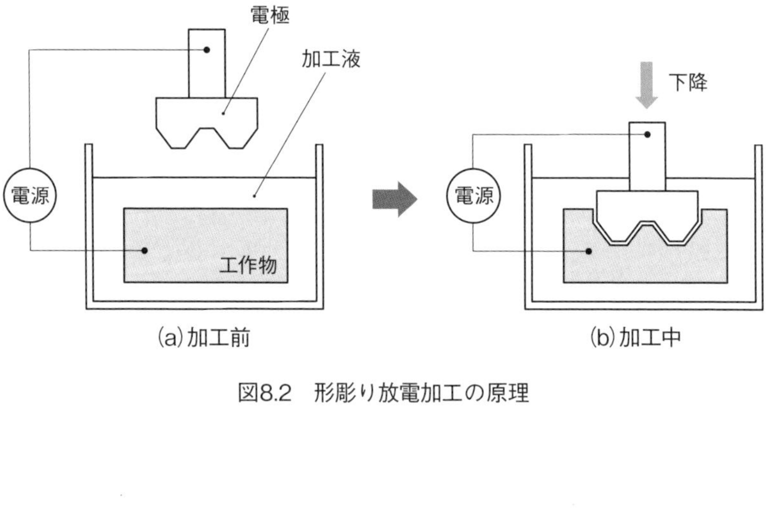

図8.2　形彫り放電加工の原理

ワイヤ放電加工の特徴

ワイヤ放電加工は「ワイヤカット」ともいい、工作物に事前に小穴をあけておき、この穴にϕ0.2〜0.3mmの細いワイヤを通します。このワイヤと工作物との間に電気を流し、放電で発生する熱により工作物を溶かして切断する加工法です。加工液の中に工作物を入れて加工します**(図8.3)**。

テーブルに固定した工作物を前後左右に動かして、軌跡どおりの形に切断します。加工中は常にワイヤを送り続け、ワイヤは消耗品になります。工作物の形状が変わると、形彫り放電加工では電極のつくり直しが必要ですが、ワイヤ放電加工は「プログラムで自由に変えられる」ことが大きな特徴です。

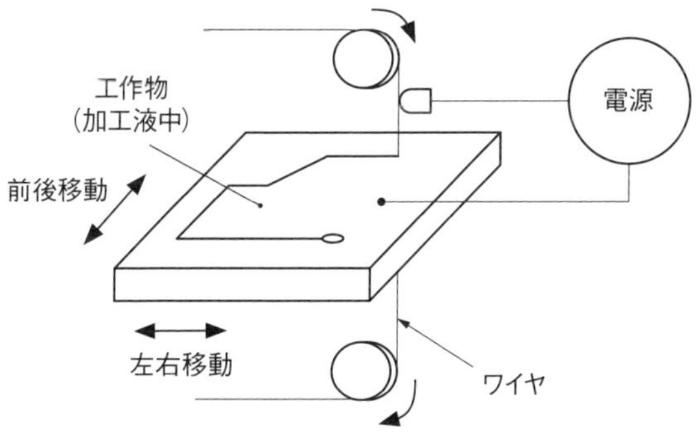

図8.3　ワイヤ放電加工の原理

化学反応を使ったエッチング

エッチングは、薬品を使って化学的に材料を溶かして形をつくる加工法です。半導体のリードフレーム(端子)や金属板の加工に用いられています。

工作物の全面に光によって化学反応をおこす樹脂(フォトレジスト)を塗り、光を通すマスクを使って必要となる部分に光を当てて樹脂を固めます。そのうえで未硬化の樹脂を除去します。樹脂が除去された箇所の母材となる金属材料を薬品で溶かし、最後に残った樹脂を薬品で取り除けば完成です。

3Dプリンタによる立体加工

3Dプリンタの3Dは三次元の立体を意味し、プリンタとあるように一層ずつ印刷するように積み重ねる工作機械の名称です。基本となる3Dプリンタ工法に関する特許期間が2009年に終了したことから、多くのメーカーが参入することで価格も安くなり、普及することになりました。

使用する材料は各種プラスチックだけでなく、鉄や銅といった金属も可能です。いくつかの方式があり、主流は「熱溶解積層方式（FDM方式）」です（**図8.4**）。

3Dプリンタの特徴は、従来の加工法では不可能であった知恵の輪を組み合わせたような複雑形状の加工が可能であることや、部品の組み合わせではなく一体品で製品にできること、そしてプログラムにより、自由自在の形状設計が可能なことにあります。

弱点としては、従来の加工法よりも加工の時間を必要とするため大量生産には適さないこと、寸法精度を高めるには積み重ねる1層の厚みを薄くするためさらに時間がかかること、工作物の側面は層を積み重ねた断面になるため表面をなめらかにするのが難しいことです。

こうした弱点はあるものの、何度も作り直しをおこなう試作品などの製作にはとても適した加工法です。

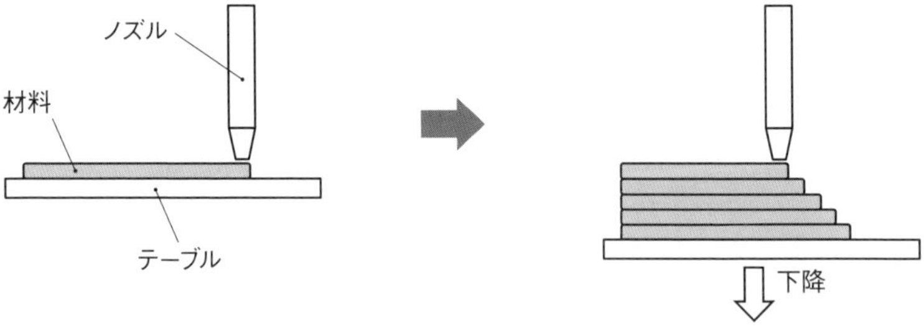

図8.4　FDM方式の概要

8.2 材料の性質を変える熱処理

熱して冷やすことで性質を変える

本項の「熱処理」と次項の「表面処理」は、形を変えずに材料の性質を変える加工法になります。

熱処理には「焼入れ・焼戻し」「焼なまし」「焼ならし」「高周波焼入れ」「浸炭焼入れ」といった種類があります（**図8.5**）。これらの熱処理はほんとうに不思議な加工法です。熱して冷ますだけで、硬く粘り強くすることも、その逆に軟らかくすることもできるからです。それぞれの特徴は次のとおりです。

[1] **焼入れ・焼戻し**　硬く粘り強くする
[2] **焼なまし**　軟らかくする／材料の中の内部応力を取り除く
[3] **焼ならし**　材料組織を本来の標準状態に戻す
[4] **高周波焼入れ**　材料の表面だけを硬く粘り強くする
[5] **浸炭焼入れ**　軟らかな材料の表面に炭素を浸み込ませて焼入れ

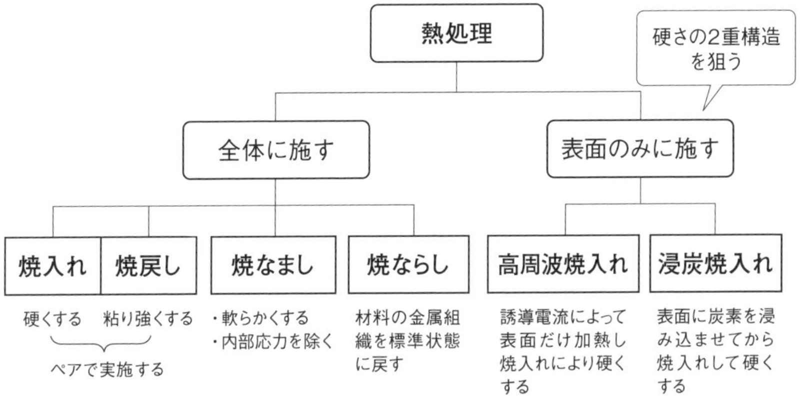

図8.5　熱処理の主な種類

熱処理のプロセス

これらの熱処理はいずれも「加熱」「保温」「冷却」というプロセスをおこないます。熱処理の種類によって、この加熱する温度や冷却する速度などが異なります。

特に大きく違うのが冷却の速度です。焼入れ・焼戻しは急激に冷やす「急冷（水冷や油冷）」、焼なましは「炉冷」、焼ならしは「空冷」となります（図8.6）。

急冷、空冷、炉冷の順に冷却の速度は遅くなります。焼なましの炉冷とは炉の中に入れたまま冷却する方法で、半日や1日をかけてゆっくり冷やします。

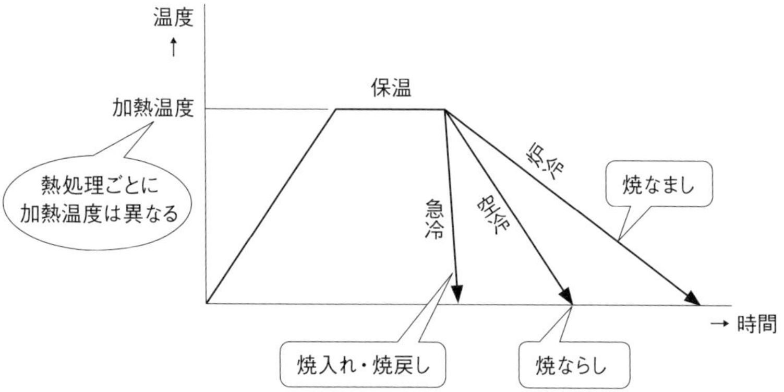

図8.6　冷却速度の違い

硬さと粘り強さの焼入れ・焼戻し

ここからは、各熱処理についてもう少し詳しく見ていきましょう。焼入れ・焼戻しは、日本刀の製作風景の映像などで目にしたことがあるかと思います。真っ赤に熱した日本刀を水の中に差し込み一気に冷やす場面です。

頑丈さが欲しいときには、硬い材料を選びますが、材料は硬くなればなるほどもろくなる性質があります。そこで焼入れにより硬さを向上させ、焼戻しにより粘り強さをもたせます。そのため焼入れのあとに必ず焼戻しをおこなうべアの熱処理になります（**図8.7**）。

炭素鋼での焼入れ効果は、炭素量が0.3%以上必要になります。「SS400」（一般構造用圧延鋼材）は炭素量が0.3%以下なので、焼入れ・焼戻しをしても効果はありません。炭素量0.3%～0.6%のS-C材（機械構造用炭素鋼鋼材）は炭素量が多くなるほど焼入れ後の硬さは増します。

炭素量0.6～1.5%のSK材（炭素工具鋼鋼材）は、焼入れしても硬さ（硬度）は頭打ちで一定になりますが、耐摩耗性は炭素量が多いほど向上します。

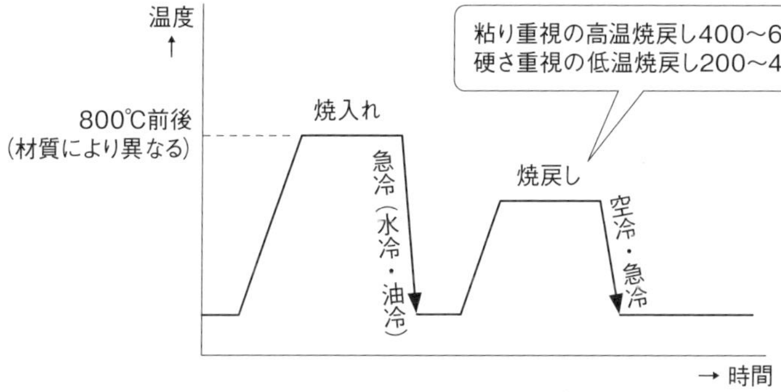

図8.7　焼入れ・焼戻しのプロセス

焼なましと焼ならし

次の焼なましは「焼鈍《しょうどん》」ともいいます。たとえば第7章で紹介した冷間圧延や引抜き加工では、加工硬化と呼ばれる現象により材料が硬くなる現象が生じます。そこで焼なましにより軟らかくすることで、そのあとの切削加工や板金加工の加工性を高めます。

焼なましのもうひとつの狙いは、内部応力の除去です。材料の内部には、外部からの力や熱により目に見えない力が閉じ込められており、これを内部応力や残留応力といいます。通常はこの力が釣り合っているのですが、たとえば片面だけを加工すると、この力のバランスがくずれて反りが生じるリスクがあります。また内部応力は、時間の経過とともに変形する原因にもなります。

その対応策として「応力除去焼なまし」により内部応力を取り除きます。市販されている「SS400焼鈍材」は、この焼なましをおこなった材料になります。

次の焼ならしは、焼なましと1文字しか違わないのでまぎらわしいのですが、この熱処理は本来の金属組織に戻すことが狙いです。圧延や鍛造、鋳造といった加工では、内部の組織が不均一になっています。このままでは機械的性質が十分ではないため、焼ならしによって金属組織を標準状態に戻します。

硬さの2重構造を狙う熱処理

焼入れ・焼戻しは、材料全体を丸ごと処理するのですが、表面だけに焼入れ・焼戻しをおこない、材料の表面を硬く粘り強くして、内部は軟らかいまま硬さの2重構造を狙うのが「高周波焼入れ」と「浸炭焼入れ」です。

この硬さの2重構造により、大きな力が加わっても軟らかい内部がクッションのように受け止めるため、衝撃に強く耐摩耗性にも優れた性質を得ることができます。

高周波焼入れは、材料形状に合わせてつくったコイルに高周波電流を流し、コイル近辺の材料表面を加熱します。電流を流すとほんの少しの時間差があるだけで、材料が真っ赤に加熱します。その直後に水で急冷します(**図8.8**)。

浸炭焼入れは、炭素量の少ない軟らかな材料の表面に、炭素を浸み込ませる「浸炭」という処理により表面だけを高炭素量として焼入れする方法です。

パチンコ玉は繰り返し衝撃を受けます。そこで炭素量0.2%程度の軟らかな鉄鋼材料(S20Cなど)の表面を、浸炭により0.8%近くの炭素量にします。すなわち表面は0.8%の高炭素量で、内部は0.2%の低炭素量になります。

焼入れ効果があるのは炭素量0.3%以上のため、パチンコ玉を焼入れすると表面はカチカチに硬くなる反面、内部は焼きが入らずそのままの軟らかさを保ちます。過酷な使用条件下でもパチンコ玉に傷や割れが生じないのは、こうした技術のたまものなのです(**図8.9**)。

なお高周波焼入れも浸炭焼入れも、名称は「焼入れ」になっていますが、粘り強さを出すために「焼戻し」もおこないます。

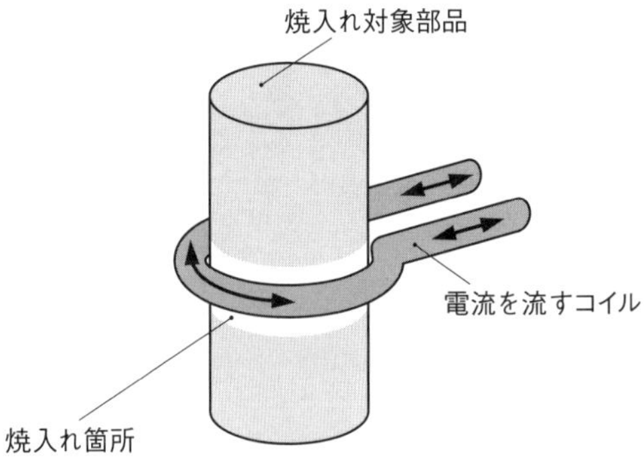

図8.8　高周波焼入れの一例

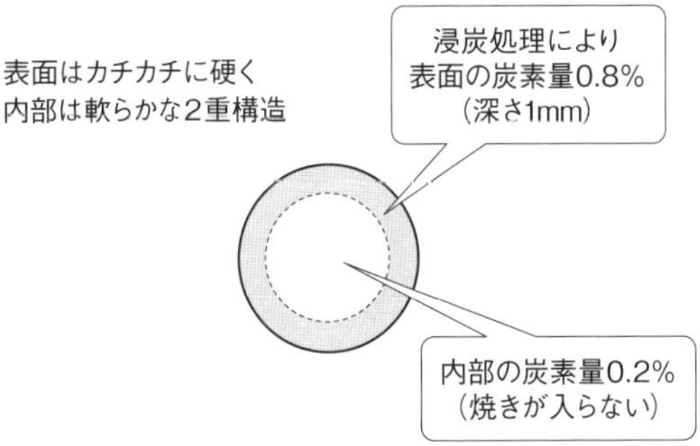

図8.9　浸炭焼入れのパチンコ玉

8.3 皮膜で性質を変える表面処理

皮膜で性質を与えるめっき

熱処理が材料そのものの性質を変える加工なのに対して、表面処理は材料の表面に皮膜をつけることで新たな性質を与える加工です。

表面処理の大分類は「めっき」と「塗装」に分かれます。その違いは皮膜の材料が金属の場合がめっきで、樹脂材料の場合が塗装になります。

材料表面に化学反応により酸化物や硫化物といった皮膜をつくる方法を化成処理といいますが、本項では区分せずにめっきと一括して紹介します。

鉄鋼材料のさび防止

金属に対する表面処理の目的でもっとも多いのが、鉄鋼材料のさび防止（防錆《ぼうせい》）です。ここでは一般的に用いられている種類を見てみましょう。

[1] 黒染め処理

化学反応によって良質の黒さびの皮膜を形成します。膜厚は1μmと薄いので、高精度部品に適しています。処理液は通信販売でも安価に購入できる一方、膜厚が薄いので防錆効果は高くありません。

[2] クロメート処理

亜鉛めっきしたあと、化学反応で六価クロムを含む酸化皮膜を形成します。膜厚指定ができないため高精度部品には適せず、普通公差レベルの部品の防錆に広く採用されています。種類には有色クロメート、光沢クロメート（ユニクロ®）、黒クロメートがあります。

EU（欧州連合）による有害物質の使用制限（RoHS）で六価クロムが規制物質に指定されたこともあり、三価クロム化成処理（三価クロメートともいう）へ移行しています。

[3] 無電解ニッケルめっき

ニッケル皮膜の膜厚を指定できるので高精度部品に適し、耐久性にも優れています。無電解めっきの「無電解」とは、電流を使わずに化学反応で金属皮膜を析出させるという意味です。一般的な膜厚は3～10μmです。

鉄鋼材料の機能めっき

耐摩耗性やはっ水性といった機能の向上を狙った表面処理もあります。

[4] 硬質クロムめっき

電気を流すことによってクロムを含む皮膜を形成します。防錆だけではなく硬さを高めて耐摩耗性や耐熱性に優れためっきで、膜厚の指定が可能です。一般的な膜厚は用途により5～30μmです。

[5] フッ素樹脂含浸無電解ニッケルめっき

フッ素樹脂を無電解ニッケルめっき中に分散させたもので「NEDOX®（ニダックス）」などが知られています。なおフッ素樹脂は「テフロン®」がイメージしやすいと思います。硬さと同時に、はっ水性やはく離性に優れます。一般的な膜厚は10～15μmです。

アルミ合金の表面処理

アルミ合金の表面処理と、前述した鉄鋼材料の表面処理の大きな違いは膜厚です。鉄鋼材料の表面処理は、指定した膜厚分がそのまま母材の外形寸法に加わります。しかしアルミ合金の表面処理では、指定した膜厚の半分しか外形寸法に足されません。これは膜厚の半分がアルミ素材に侵食するためです。そのため高精度な部品には、この点の注意が必要です。

[6] アルマイト

アルミ合金材料の表面処理の中でもっともよく知られているのがアルマイトです。自然につくられた薄い酸化皮膜の上に、電解処理により人工的に酸化皮膜の膜厚を増やす処理です。これにより耐食性を向上させます。一般的な膜厚は5～15μmです。

[7] 硬質アルマイト

硬質アルマイトは、硬さや耐摩耗性が欲しい場合に適しています。通常のアルマイトよりも酸化皮膜そのものが硬いうえに、膜厚も20〜50μmとアルマイトよりも厚いことで効果を生んでいます。

[8] フッ素樹脂コーティング

硬質アルマイトにフッ素樹脂を組み合わせた表面処理で「タフラム®」の商品名で知られています。硬さやはっ水性、すべり性に優れます。

高精度なめっき

ここまで紹介してきためっきは、水溶液中で化学反応や電気を流すことにより金属の皮膜をつけるので、総称して「湿式めっき」と呼ばれます。これに対して、水溶液は使わず真空の中でおこなうめっきを「乾式めっき」や「蒸着めっき」といいます。

金、銀、銅といった高価な材料（これをターゲットという）を真空中で蒸発させて、材料表面に精度よく付着させるめっきで、真空蒸着、スパッタリング、イオンプレーティングといった手法があります。ターゲットもめっき装置も高額のためコストは高くなります。

安価で便利な塗装

樹脂系の皮膜をつける表面処理が塗装です。主に防錆や装飾性の向上を狙っており、スプレーを使った「吹きつけ塗装」や、塗料と材料を帯電させて付着させる「静電塗装」、塗料の入った容器に浸漬《しんせき》させる「浸漬塗装」があります。

塗装の膜厚はめっきよりも厚く、膜厚の寸法精度は期待できません。その一方、塗装はめっきよりも安価で作業性もよいため、特にサイズの大きなフレームやカバーなどの表面処理に広く採用されます。

図面編

第9章

図面の全体像

9.1
図面知識を習得するコツ

図面を読むポイント

ここまで材料編と加工編の基礎知識を紹介してきました。本章から図面編として図面の読み方をお伝えします。

図面を読むのは加工者だけではありません。組み立てや調整、検査の担当部門、原材料を手配する資材購買部門、品質を保証する品質管理部門、生産の流れをコントロールする生産管理部門、顧客との接点である営業部門といった広い部署の担当者が、図面を通して情報を共有しています。

図面の読み方を学ぶうえでのポイントは、

[1] 形のイメージができること

[2] 情報を正確に読み取ること

になります。本章で図面の全体像を、次の第10章と第11章で形をイメージする手順を、第12章で情報の読み方を紹介します。

モノづくりの3ステップ

モノづくりの仕事の流れを大きく見ると、何をつくるのかを「考える」、考えたとおりに「つくる」、完成したモノを「売る」の3つのステップに分かれます（**図9.1**）。考えるのは企画部や開発設計部や顧客の場合もあります。つくるのは製造部、品質管理部、生産管理部、資材購買部といったモノづくり現場の部門、売るのは営業部門になります。

このように担当が分かれているので、考える人は頭の中の考えを、つくる人や売る人に伝えなければなりません。これを口頭で伝えようとすると、効率が悪いうえに、言い間違いや聞き間違いのリスクがともないます。そこで「図面」という伝達手段により情報を伝えています。

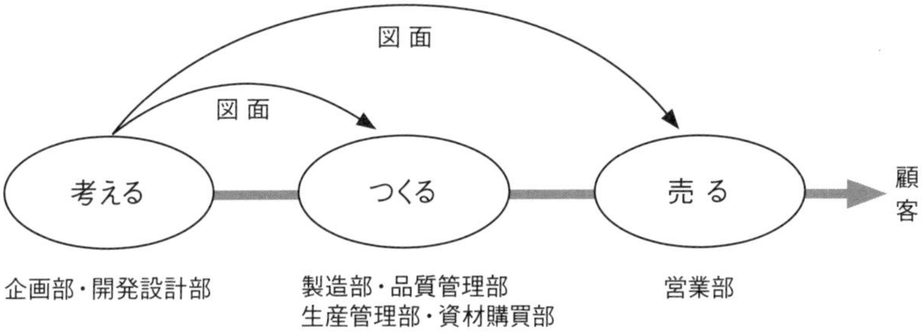

図9.1　図面は情報の伝達手段

図面の役割

すなわち図面の役割は、

[1] 頭の中で考えた内容を誰もがわかるように描き出す

[2] 描き手の意図を読み手に確実かつ容易に伝える

[3] 情報を保存する

の3つになります。

昭和時代に作成された手描きの図面が現在でも使われ、当時とまったく同じモノをつくれるのは、図面により保存された情報が正しく確実に伝えられているからです。

図面の作成手順

ではモノづくりと図面の位置づけを見ておきましょう。モノづくりのステップをこまかく見ると、企画・構想・設計・加工・組立・調整・検査・販売になります。企画で何をつくるのかを考え、構想で概略の機構や大きさの検討やコスト試算をおこないます。構想した結果は仕様書にまとめられます。

この仕様書の内容を具体化するのが設計です。設計の手順は、まず下書きとして「計画図」を作成します。自身のアイデアを盛り込みながら何度も描き直して完成度を高めていきます。設計者にとっては一番やりがいのある作業です（狭義の設計はこの作業になります）。

計画図が完成すれば、製作用の図面として「部品図」と「組立図」を作成します。この作業を製図と呼んでいます。一般に図面といえば、この部品図と組立図を指します。**図9.2**に記載の「DR」と「検図」については、このあとで解説します。

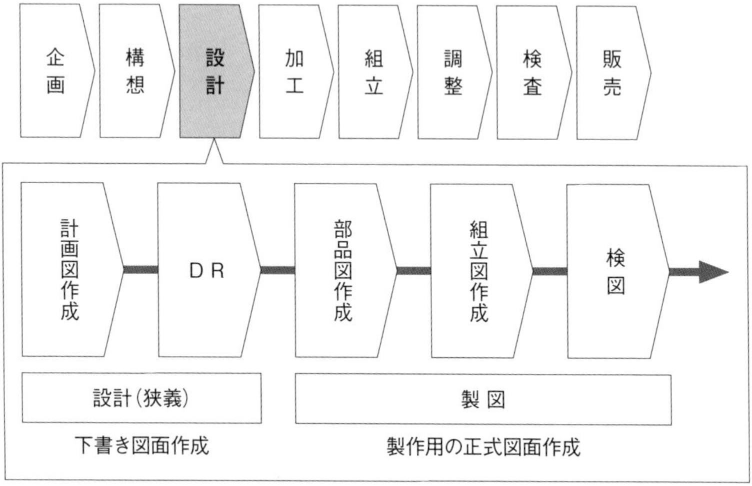

図9.2　図面の作成手順

設計と製図に必要な各スキル

計画図を作成する「設計」と製作用図面を作成する「製図」では、必要なスキルが異なります。双方ともに図面の知識が必須なことはもちろんのこと、設計ではメカ機構や材料力学、熱力学、アクチュエータ（モータやシリンダといった駆動源）、材料知識、機械加工といった専門知識が求められます。

たとえばベース板を1枚設計するにも、材料の選定、最適な板厚や必要精度の検討、表面処理の選定など考えることは多岐にわたります。これらの設計にとって必要な知識は、機械工学の専門スキルになります。

これに対して製図で必要となるスキルは、次に紹介するJIS（日本産業規格）の製図規格が中心になります。

図面ルールはJISに基づく

図面の様式や描く方法が描き手の設計者ごとに異なっていると、図面の読み手は大変です。そこで一定の約束事、すなわち共通のルールに従って描くことになっています。読み手はこの共通ルールを知っていれば、どの図面でも読み解けるわけです。そのための図面に必要な条件は、

条件 1）すべての情報が把握でき、狙いどおりのモノをつくれること

条件 2）誰もが完全に同じ理解ができること

の2点になります。

図面ルールはこの条件を満たすように、JISの中で定められています。製図関連の規格は『JISハンドブック 59 製図』（日本規格協会）として毎年出版されています。ボリュームは2000ページ近くありますが、実務では使われていない内容もあるので、本書では実務に添った内容を紹介していきます。なお日本の国家規格であるJISに対して、国際規格はISO（国際標準化機構）になります。ISOでは品質マネジメントシステムのISO9000や環境マネジメントシステムのISO14000がよく知られています。

JISの改正と社内規格について

JISは不定期に改正があります。改正があるとそれまでに描いた図面は旧規格になってしまうのですが、改正ごとに図面を新規格に修正する作業は負担が大きいのでおこなわないのが一般的です。旧JISで描かれた古い図面がいまでも使われているのはそのためです。本書では、現JISと現在でもよく使われている旧JISについても参考に紹介します。

以上のように、図面はJISが基本ルールですが、一部で自社の都合に基づく社内規格と呼ばれるルールを使う場合があります。図面はあくまでも情報の伝達手段なので、効率が上がるのならばこうしたオリジナルルールの社内運用も効果的です。ただし社外には通用しないので、社外で使用する際には社内規格の明示を忘れないように。

図面の品質を向上させるDR

モノづくりでは図面が製品情報の基準になるので、図面の完成度はそのまま製品や部品の完成度に直結します。そのために図面の品質を高めるしくみが「DR（デザイン・レビュー）」と「検図」です（前述の図9.2）。

DRはDesign Reviewの頭文字をとったもので、略して「ディー・アール」と呼んでいます。和訳は「設計審査」になります。審査とありますが、判定を下すという意味ではありません。検討している設計内容に関して、設計部門に加えて製造、品質管理、営業といった関連部署がそれぞれ専門の視点で確認し、改善すべき点があれば具体的にアドバイスするしくみです。設計者は、この指摘を図面に盛り込むことで図面の品質を高めます。

DRの実施タイミングは、企業によっても異なりますが、計画図の作成中や計画図の完成時点での実施が効果的です。製作用の部品図や組立図の作成段階での実施では、見直しの修正作業が膨大になるので、下書きの計画図作成段階での実施がお奨めです。

図面の品質を確認する検図

一方、検図は部品図、組立図を作図した時点で、先輩や上司が第三者の視点で、JISのルールどおりに描かれているかをチェックします。寸法モレや記入ミスといった問題がないかの確認作業です。このようにDRと検図により図面の品質を高めることで、後工程や販売後の問題発生を事前に防ぐとともに、読み手が情報を正確に把握できるための有効な手段になります。

またDRと検図には、もうひとつ大きな狙いがあります。それは若手設計者の育成です。実際の設計を題材とした教育なので、これをOJT（オン・ザ・ジョブ・トレーニング）といいます。DRにおいて関連部門からのアドバイスにより、モノづくりの視野が広がります。検図では上司に提出した図面が、赤ペンで真っ赤になって戻ってきますが、この指摘事項のひとつひとつが、設計や製図のスキルを上げる絶好の機会になります。

9.2 図面の種類と構成

部品の情報をあらわす部品図

本項では図面の種類と役割、図面用紙と表題欄・尺度・訂正欄の構成を紹介します。

図面はその役割から、部品図と組立図に分かれます。また部品表と呼ばれる一覧表も図面とセットで運用されます。

部品図は、製品や生産設備を構成する各部品の情報をあらわした図面です。通常は部品1点につき、部品図は1枚描かれます（一品一葉図面という）。

もし1枚の図面に複数の部品を描く（一品多葉図面という）と、図面サイズが大きくなり取り扱いにくいうえに、読み間違いをおこすリスクも高まります。

また類似した製品で同じ部品を使う場合には、新たに図面を描く必要はなく、最初に描いた図面をそのまま用います。これを図面の流用《りゅうよう》といいますが、1枚の図面に複数の部品が描かれていると、この流用が難しくなります。

部品の位置関係をあらわす組立図

製品や生産設備を組み立てる際に、各部品の前後・左右・上下といった位置関係や方向をあらわすのが組立図です。また部品同士を固定する方法も組立図に示されます。多くはねじを使って固定するので、その際に使用するねじの種類、ねじ径（ねじの直径）、ねじ長さはこの組立図で指示しています。

組立図での寸法指示は、製品や設備の外形寸法（幅・高さ・奥行き）と、特に読み手に伝えたい寸法のみの表記となっています。各部品の寸法は部品図を見ればわかるので、組立図には必要最小限の寸法だけが示されます。情報は多いほうがよいわけではなく、シンプルなほうが読みやすいためです。

部品点数が多い場合には総組立図

部品点数が多くなると、1枚の組立図ですべての位置関係をあらわすことが難しくなります。たとえばクルマは約3万点の部品で構成されているため、すべての部品の位置関係を1枚であらわすことは至難の業です。

そこで機能ごとに分けて組立図を描きます。たとえばエンジン部組立図、ハンドル部組立図、ドア部組立図といった具合です。そのうえでエンジン部やハンドル部、ドア部がクルマのどこにあるかを総組立図であらわします。

すなわち部品点数が多いときは「総組立図・組立図・部品図」で構成されます。この総組立図を用いるか否かは、描きやすさだけでなく、読みやすさも考慮して設計者が判断しています (**図9.3**)。

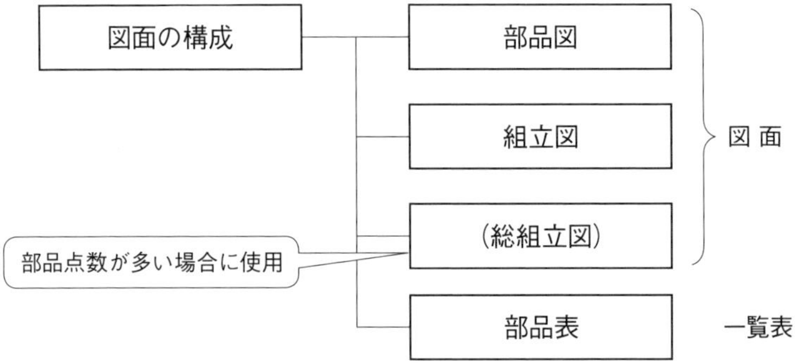

図9.3　図面の構成

部品表の同時運用

部品表はパーツリストとも呼ばれ、図面と一緒に運用する一覧表です。製品や生産設備に使用する部品は「部品図により加工する部品」と、市販されている「購入品」に分かれます。

製品にしても生産設備にしても、毎回すべての部品を設計しているわけではありません。市販されている部品は設計せずに購入するのが一般的です。

市販品を採用するメリットは、専門メーカーによる大量生産品なので「安くて」「即納で」「信頼性がある」ことです。身近にある家電製品の多くは市販品を併用しています。たとえばテレビや洗濯機に使用する電子部品やモータやコネクタは、ほぼ100%購入品を使っています。

そのため部品表には、部品図に従い加工する部品と購入品のそれぞれに応じた情報が必要になります。加工部品では「図面番号・品名・加工個数」を、購入品では「品名・品番・メーカー名・購入個数」を記載します。このように加工部品と購入品では必要な情報が異なるので、部品表のフォーマットも別々になっているのが一般的です。

5種類の図面サイズ

JISでは用紙のサイズにA列とB列の2種類の規定があり、図面サイズはA列に定められています。一番大きな図面サイズはA0で、小さくなるにつれてA1、A2、A3となり、一番小さな図面サイズはA4になります (**図9.4**)。

このA列の規格はとても合理的なルールで決まっています。A列の数字が1つ増えるごとに面積が半分で1サイズ小さくなります。もっとも大きなA0サイズの長辺1189mm、短辺841mmは区切りの悪い寸法に思えますが、1189に841を掛けてみてください。

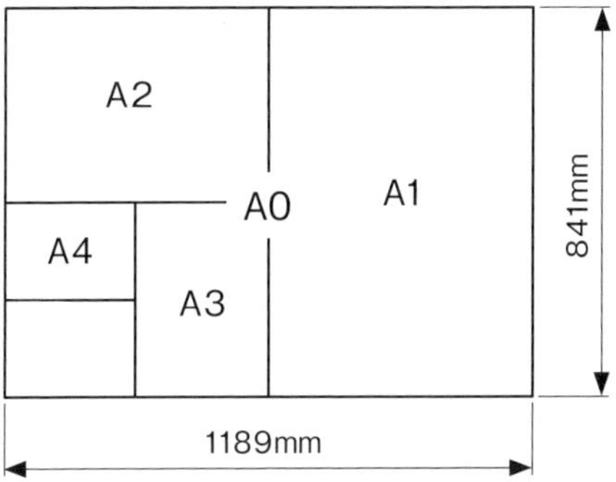

図9.4　図面のサイズ

1189×841すなわちA0サイズの面積はちょうど$1m^2$（1メートル角相当）です。A列サイズはこの$1m^2$を基準に、縦横比が「1：$\sqrt{2}$」になっています。

どの図面サイズで描くかは、設計者が読みやすさを前提に、できるだけ小さいサイズを選択しています。実務では扱いやすいA3やA4サイズがよく用いられています。

実物との比率をあらわす尺度

図面サイズは、実物の寸法に対してどの大きさで描くかで決まります。この実物に対する比率を「尺度」といいます。

基本は実物と同じ寸法で描くのがルールです。この尺度を「現尺《げんしゃく》」もしくは「原寸《げんすん》」といいます。

ただし実物が小さいとわかりにくいので拡大して描く「倍尺」や、その逆にあまりに大きいと図面サイズも大きくなるので縮小して描く「縮尺」もあります。

倍尺や縮尺の比率を、JISでは推奨尺度として提示しています（**図9.5**）。推奨と控えめな表現になっていますが、特に2と5の比率はとても使い勝手がよいので、倍尺では2倍や5倍、縮尺では2分の1や5分の1がよく使われます。

どの尺度を用いたのかは、次に紹介する表題欄に記載されます。

「推奨」となっているが実用上も
使いやすい尺度になっている

種類	意味	推奨尺度
倍尺	拡大	50：1　20：1　10：1 5：1　2：1
現尺（原寸）	実物と同寸法	1：1　⇐　この現尺が基本
縮尺	縮小	1：2　1：5　1：10 1：20　1：50　1：100

注）縮尺「1：100」超えの尺度は省略。

図9.5　JISの推奨尺度

尺度の表記

採用した尺度は現JISではコロン表記の「：」を用いますが、実務では旧JISの分数表記の「/」であらわしている図面も多くあります。2倍は「2/1」、5分の1は「1/5」といった表記です。旧JISを使い続ける理由は、コロン表記よりも分数表記「/」の方が直感的にわかりやすいためです。

共通情報の表題欄

表題欄は図面に関する一般的な共通情報として、図面を作成した会社名、図面を管理するための図面番号（略して図番）、部品の名称、尺度、材質、製図者、承認者などを一括して書く欄です（**図9.6**）。

表題欄のフォーマットはJISには定められてはいませんが、業種を問わず記載項目は同じなので似た形式になっています。この表題欄は図面の様式に組み込まれており、図面サイズを問わず図面の右下に配置されています。これはいろいろな図面サイズが混在していても、A4判ファイルにとじた際に、右隅を指でパラパラとめくれば、必ず表題欄が見えるからです。

表題欄は図面サイズを問わず、図面の右下に配置される

<table>
<tr><td>2</td><td colspan="3">ピン</td><td>SK4</td><td>クロメート</td><td>2</td><td></td></tr>
<tr><td>1</td><td colspan="3">本体</td><td>S45C</td><td>クロメート</td><td>1</td><td></td></tr>
<tr><td>番号</td><td colspan="3">名 称</td><td>材 質</td><td>表面処理</td><td>個数</td><td>備 考</td></tr>
<tr><td colspan="2">承認者</td><td>確認者</td><td>作図者</td><td>尺 度</td><td colspan="3">名 称</td></tr>
<tr><td colspan="2"></td><td></td><td></td><td>1:1</td><td colspan="3">K形取付け具</td></tr>
<tr><td colspan="4">N製作所</td><td>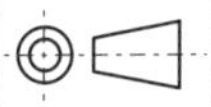</td><td colspan="3">NJ－0306</td></tr>
</table>

図9.6　表題欄

履歴を記録する訂正欄

図面にはもうひとつ、訂正欄や改訂欄と呼ぶ欄があります。図面が完成したあとに図面内容を変更する場合に、変更した内容の履歴を残すための欄です。

図面を変更する理由は大きく2つあります。1つは製造現場における加工時間の短縮やコストダウンといった前向きな変更です。実際に加工や組み立てをおこなった際に出てきた改善のアイデアや、生産を開始してから判明した改善点を図面にフィードバックするものです。

もう1つは設計ミスの修正です。先に紹介したDR（設計審査）や検図で事前チェックをおこなうのですが、それでも後工程の加工や組立作業で不具合が判明することがあります。そのフィードバックをおこないます。

変更前の情報は完全に削除するのではなく、二重線を引くなどして残しておくのが一般的です。この訂正欄の位置は企業により異なり、図面の右上や、表題欄の真上もしくは左隣に配置されています（**図9.7**）。

訂正箇所には英字のAから順にB、Cと訂正記号をつけます。

符 号	変更内容	年月日	変更者
A	全長を延長	221118	＊＊

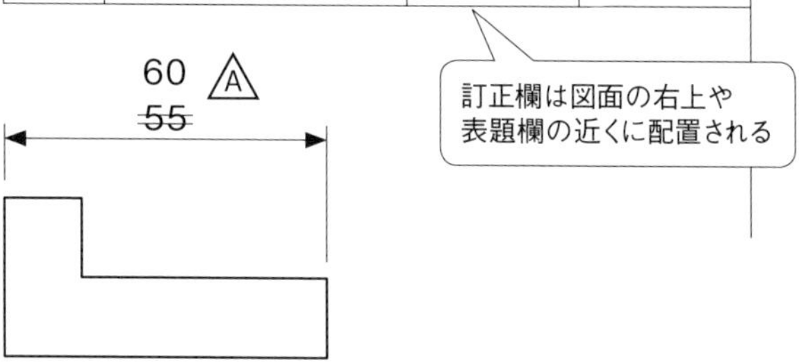

図9.7　訂正欄

図面編

第 10 章

形をあらわす図法

10.1 立体形状を1枚の紙にあらわすルール

三次元の立体形状を二次元であらわす

図面には「必要とする形」と「寸法や表面粗さなどの情報」が記載されています。本章では前者の形の読み方を紹介します。

対象物は三次元の立体形状です。図面では、この三次元の形状を無理やり二次元の紙の上もしくは画面上にあらわすので、なんらかの工夫が必要になります。この工夫が本章で解説する「第三角法」です。

これに対して、立体形状をあらわすもうひとつの図法に「立体図」があります。絵画やマンガも立体図で描かれており、特に知識がなくても容易に理解することができます。では、なぜ図面も立体図で描かないのでしょうか。

なぜ立体図で描かないのか

図面は誰もが漏れなく正しく読み取れることが大切です。立体図はこの点で弱点があるのです。立体図は全体をあらわしているように見えますが、実は対象物の半分の面しか示していません。

たとえば**図10.1**の立体図では正面と右側面と上面しか見えていません。下面と左側面と背面の3面は見えておらず、これらの見えない面の情報はわからないのです。

実際には、下から途中まで穴をあける、左側面や背面に溝を入れるなど、なんらかの加工が必要なケースも多々出てきます。そうすると、これらをあらわすためには違う角度から見た立体図を追加しなければなりません。こうして立体図がいくつも必要になってくると、今度はそれぞれの立体図がどの角度から見た図なのかを説明しなければならなくなります。

さらに立体図には、描きにくいという弱点もあります。実物では水平な線も、立体図では斜めの線で描くことになります。立体を見る向きに応じた長さの調整も必要になります。これに寸法などの情報を描き込むとさらに複雑になって、読み手にとっても把握することが難しくなってしまいます。

こうした理由から、立体図の弱点を補った図法が第三角法になります。

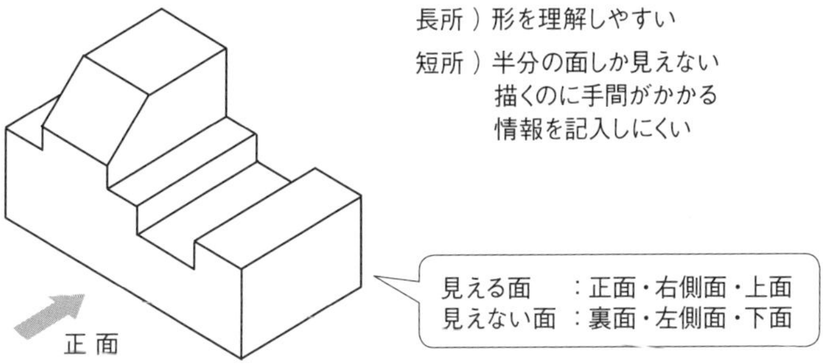

図10.1　立体図の長所と短所

対象物を真正面から見る

立体図は対象物を「任意の角度から見る」ことで見えたとおりに描いた図です。これに対して対象物を「真正面から見る」方法が、第三角法になります。

しかし正面だけでは形はわからないので、真横から見る、真上から見ることにより、複数の図を組み合わせて立体形状をあらわします。

では、基本になる真正面から見た図を作成する手順を紹介します。

[手順1] 対象物の正面に透明のガラス板を平行に置くと仮定する

[手順2] 対象物の正面に立ちガラス板を通して真正面から見る

[手順3] 見えたとおりをガラス板に描き写す

この手順によって正面の形を、ガラス板の上にあらわすことができます。このとき真正面から見るのがポイントです。少しでも斜めになると、任意の角度から見る立体図と同じになってしまうからです。

図10.2の対象物を真正面から見ると、L形状の外形が見えます。さらに対象物の段差箇所と、面と面との境界は線状に見えます。この見えたとおりをガラスの板に描き込みます（**図10.3**）。

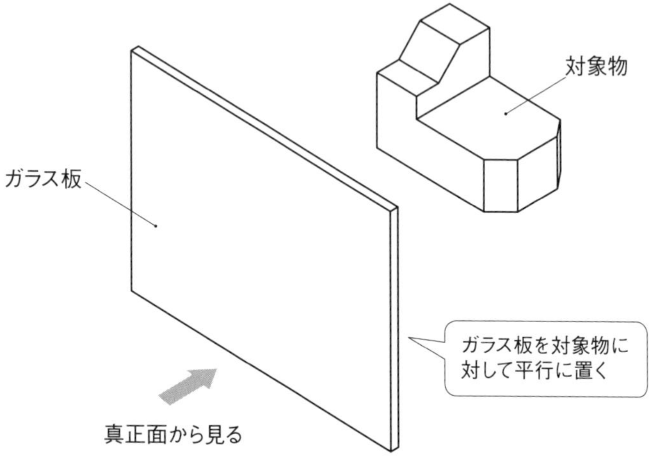

図10.2　真正面から見る

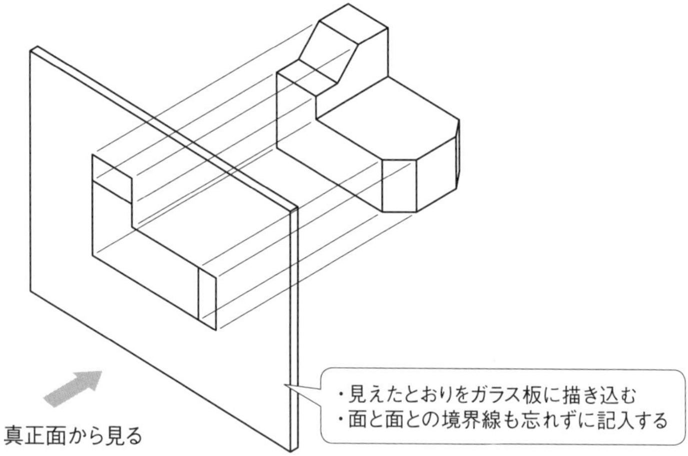

図10.3　ガラス板に描き写す

真横と真上から見る

同じ手順で、真横と真上からガラス板を通して見えたとおりに描き写します(**図10.4と図10.5**)。

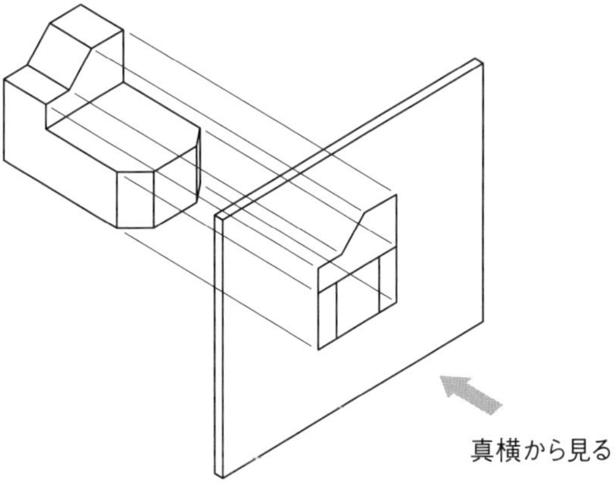

図10.4　真横から見る

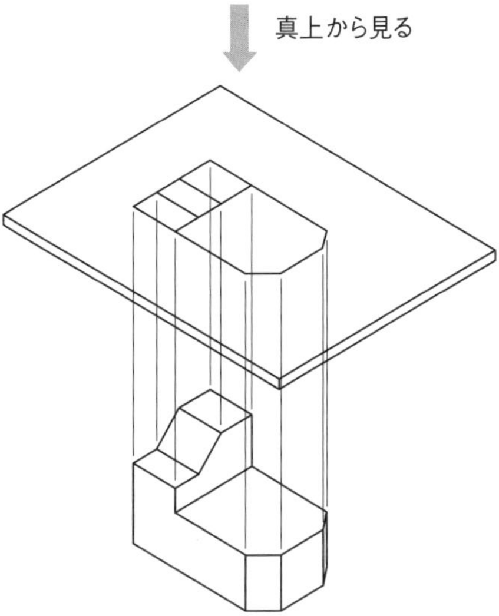

図10.5　真上から見る

丸形状を正面から見る

角形状に続いて、円柱や円筒といった丸形状を同じように正面から見てみましょう。真正面から見た図が**図10.6**、真横から見た図が**図10.7**になります。

この形状では、真正面から見た図と真上から見た図は、同じになります。

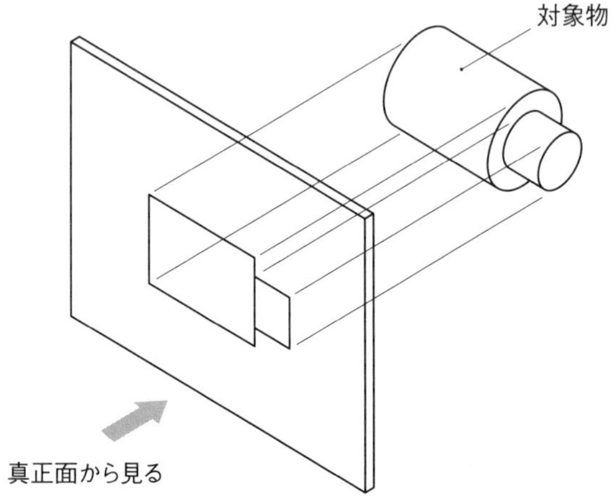

図10.6　丸形状を真正面から見る

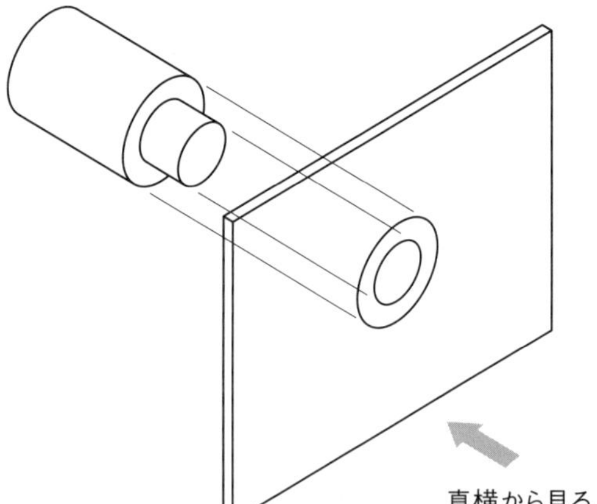

図10.7　丸形状を真横から見る

10.2 第三角法のルール

ガラスの箱をかぶせる

ここまで対象物の面を正面から見ることを紹介しました。これを基本に第三角法の説明に入ります。前項ではガラス板を用いましたが、今度はガラスの箱を使います（図10.8〜図10.12）。

[手順1] 対象物にガラスの箱をかぶせると仮定する

[手順2] 真正面・真横・真上から見えたとおりをガラス箱の面に描き写す

[手順3] ガラス箱を分解する。真正面の図は固定し側面と上面を広げる

[手順4] 正面と側面と上面が同一面になるまで広げる

[手順5] ガラス面に描かれた図を紙に写せば第三角法の図が完成

上記の手順2は、前項で解説した内容そのままの作業になります。

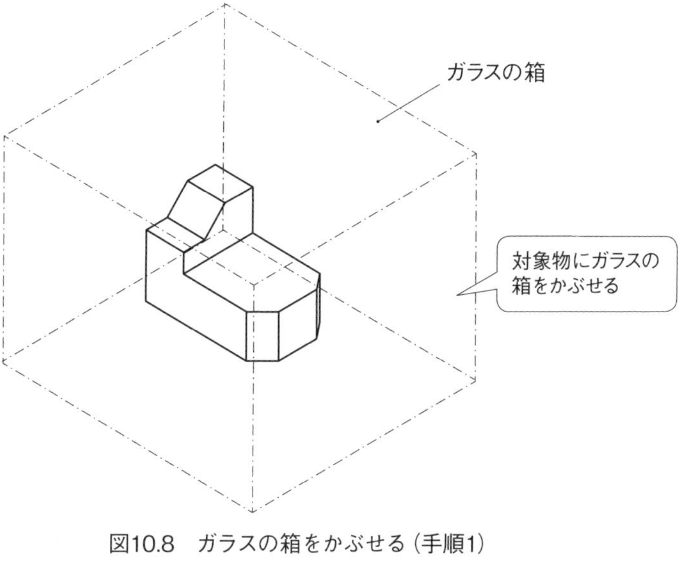

図10.8　ガラスの箱をかぶせる（手順1）

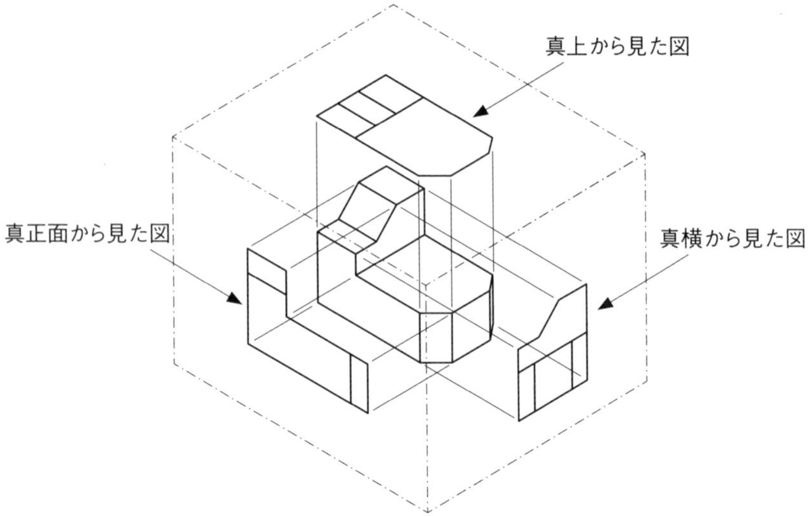

図10.9　ガラスの箱に描き写す（手順2）

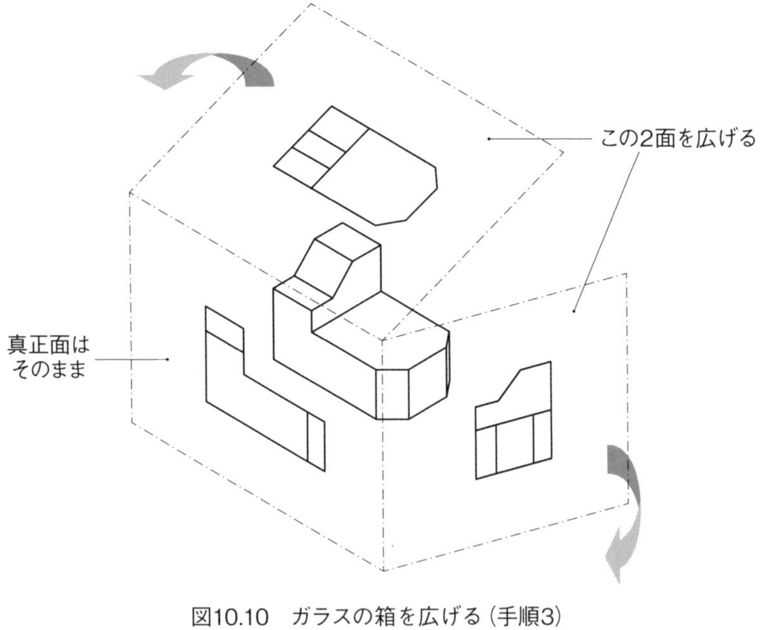

図10.10　ガラスの箱を広げる（手順3）

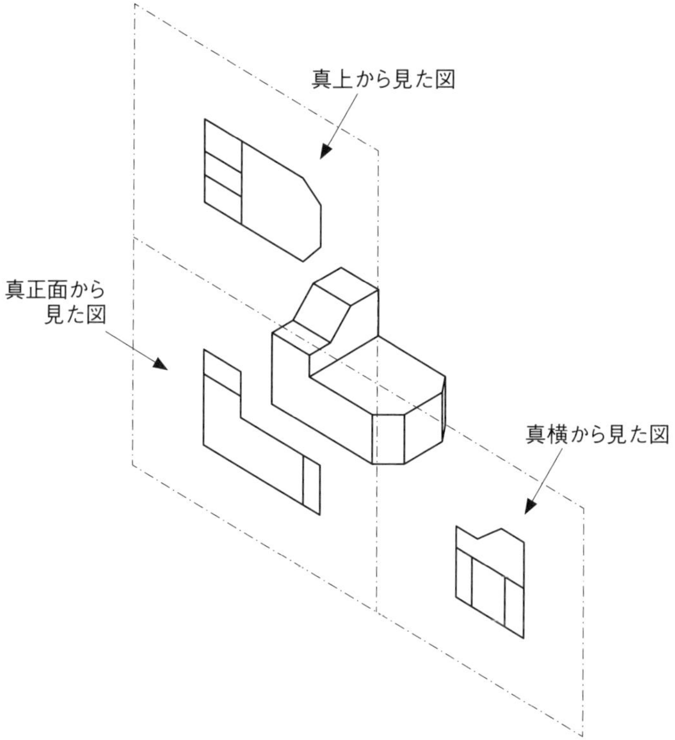

図10.11　同一面になるまで広げる（手順4）

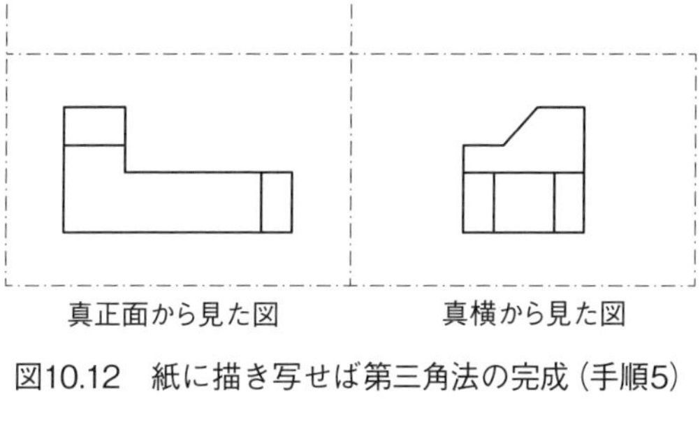

図10.12　紙に描き写せば第三角法の完成（手順5）

外形線とかくれ線

ここから第三角法の続編に入りますが、その前に線の種類として「外形線」と「かくれ線」を見ておきましょう（図10.13）。

外形線は、直接目で見える部分の形状をあらわす連続線です。線の種類でもっとも基本となる線で「太い実線」を用います。線の太さはCADでは自動で設定してくれますが、鉛筆書きでは太さ0.5mmが目安です。なお後述する寸法をあらわす「細い実線（細線）」は太さ0.3mmが目安になります。

一方、かくれ線は短い線をわずかな間隔で並べた破線と呼ぶ線で「太い破線」もしくは「細い破線」を用います。直接は見えない隠れた部分を描く際に使います。対象物がガラスのように透明だと仮定して、透きとおって見える向こう側の線をかくれ線で描くことにより、読み手に多くの情報を伝えることが狙いです。

第三角法では、かくれ線は省略せず描くことが基本になっています。

形 状	外形線のみで表示	外形線とかくれ線で表示
角形状	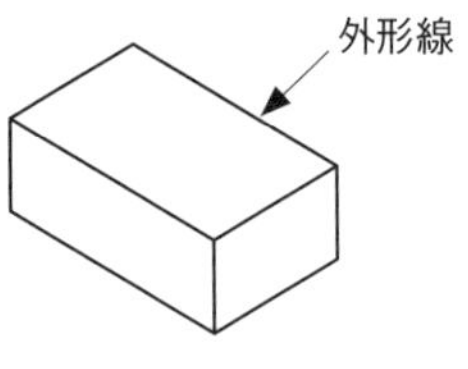	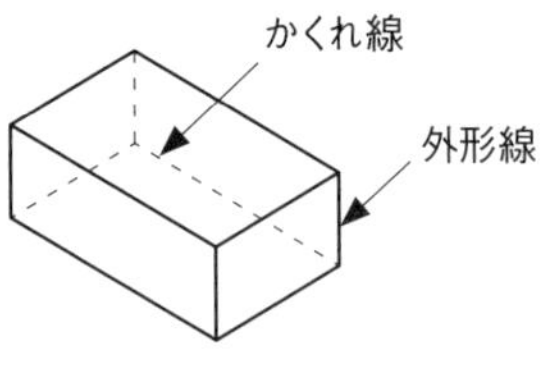
丸形状	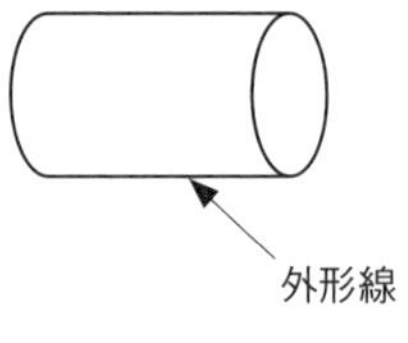	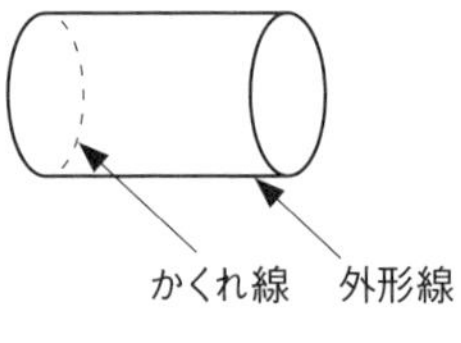
情報量	見えない面の情報がわからない	見えない面の情報もわかる

図10.13　外形線とかくれ線の使い分け

先の図10.8の形状を真後ろから見た**図10.14**と、左側面から見た**図10.15**では、外形線とかくれ線を併用します。

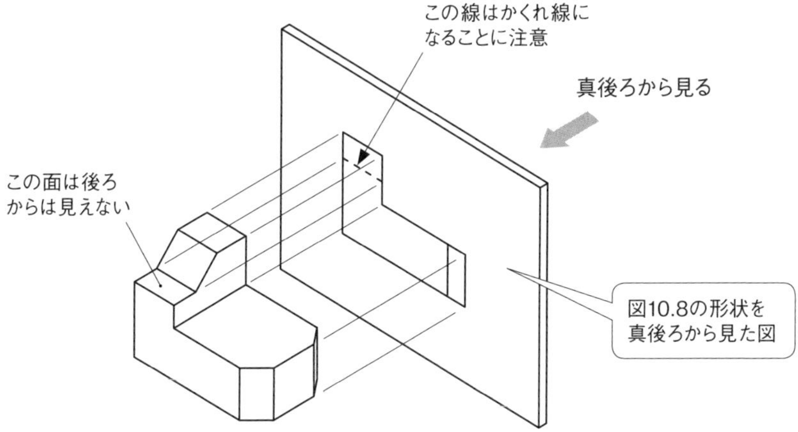

図10.14　真後ろから見た図

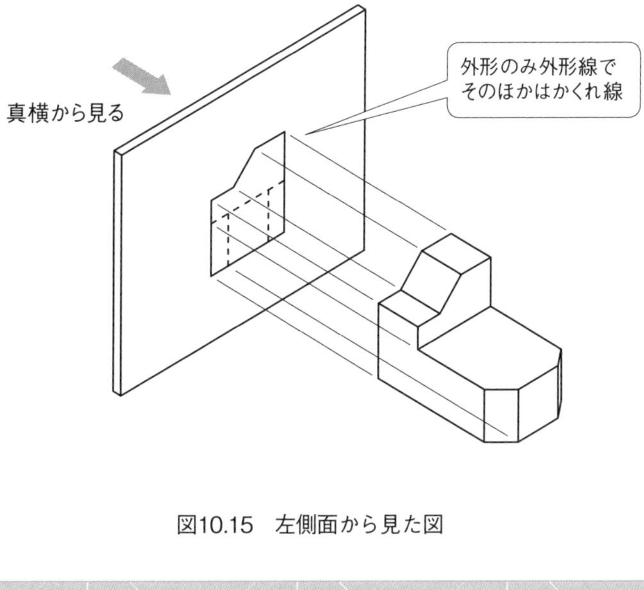

図10.15　左側面から見た図

図の名称について

図の呼び方は、見た方向そのままです。真正面から見た「正面図」、真横から見た「側面図」、真下からの「下面図《かめんず》」、背面からの「背面図」になります。なお側面図は右からの「右側面図」と、左からの「左側面図」があります。

注意が必要なのは、真上から見た図の呼び方です。JISでは「平面図」と呼んでおり、実務でも平面図の名称はよく使われています。しかし角形状の外面はどの方向から見ても平面なので、覚えていなければ迷ってしまいます。

そのため、上から見た図は平面図ではなく「上面図」と呼ぶことをお奨めします。JISでも「平面図は上面図とも呼ぶ」と注釈で記載しています。

6面すべてに描いてみる

今度はガラス箱の6面すべてに描いてみましょう。下面図と左側面図と背面図が追加になります。6面全てに描き込み(**図10.16**)、正面図は固定でそれ以外の図を広げます(**図10.17**)。最後に紙に写すと**図10.18**になります。

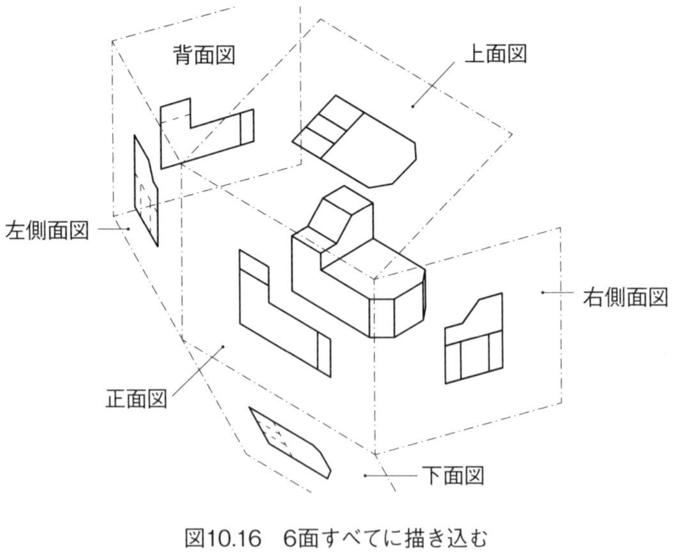

図10.16　6面すべてに描き込む

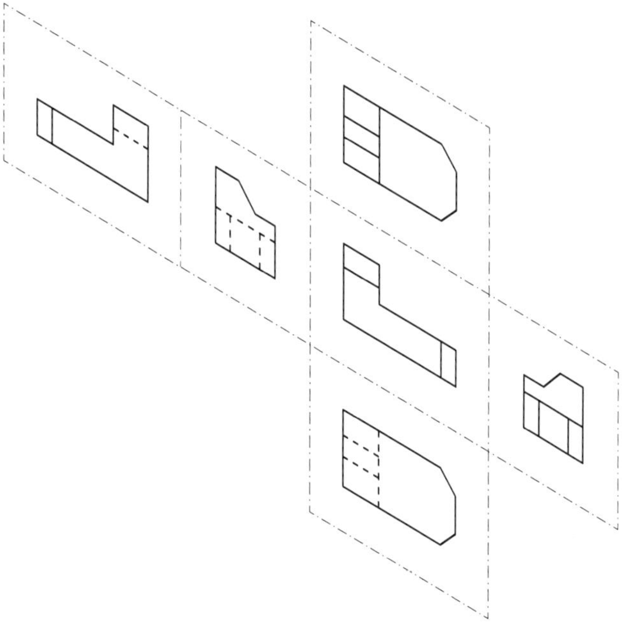

図10.17　同一面になるまで広げる

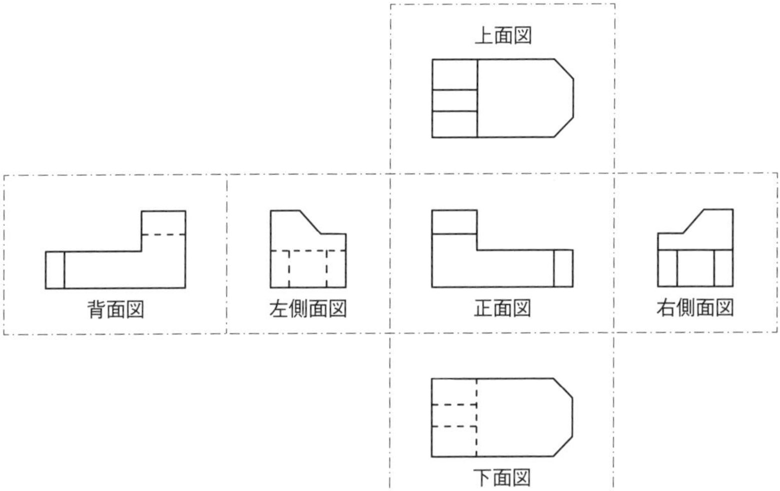

図10.18　紙に描き写す

必要最小限の面数で描く

ガラスの箱をすべて展開すると6面になるのですが、みなさんが普段見ている図面の多くはもっと少ない面数だと思います。その理由を説明します。

先の図10.18の「右側面図と左側面図」「正面図と背面図」はそれぞれ左右対称、「上面図と下面図」は上下対称の図になっています。違いは外形線（実線）とかくれ線（破線）だけです。そのために両方の図がなくても読み手は理解できるので、設計者は片方しか描きません。

このときどちらを省略するかというと、読みやすさを優先して、かくれ線を多く使っている図を消します。なお、あらわす面の数により6面なら六面図、3面なら三面図と呼ぶので、本図は三面図であらわします（**図10.19**）。

このように図面は読み手が理解できるならば「最小面数で描く」ことがルールになっています。図の数が少ないほど図面がシンプルになり読みやすいうえに、描き手にとっても作図時間を短縮できて一石二鳥だからです（**図10.20**）。

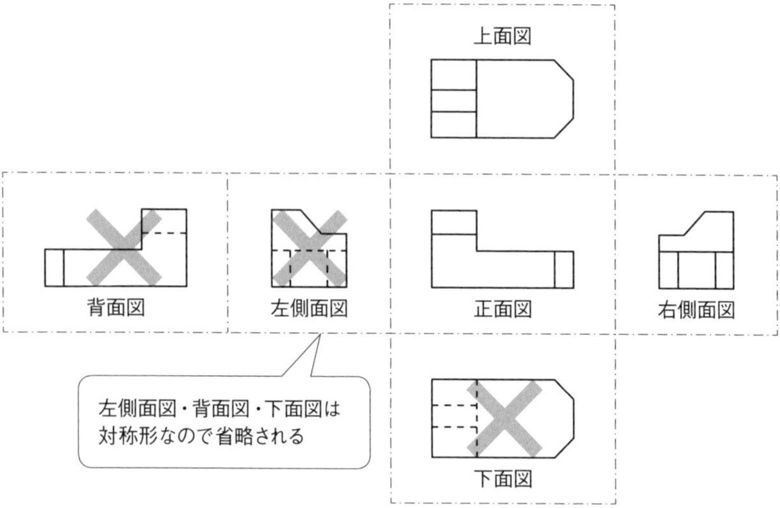

図10.19　実務では三面図であらわす

ただしあくまでも「読みやすさが優先」です。たとえばこの図のL形状の上面と下面に別々の加工があるような形状では、下面図は省略せずに四面図で描いた方が読みやすい図面になります。

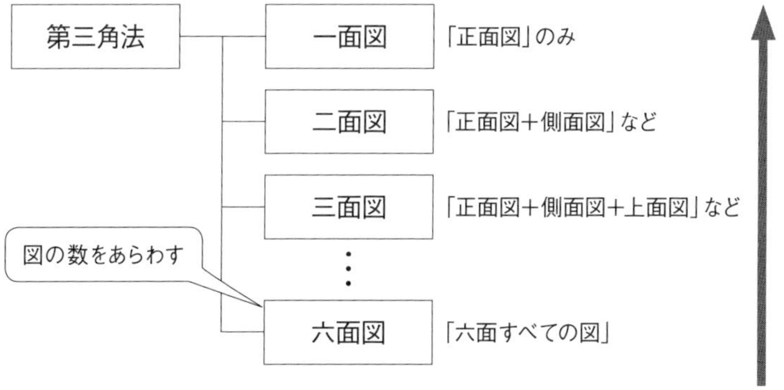

図10.20　必要最小限の面数で描く

一面図の事例

もっともシンプルな図面は正面図のみの一面図になります。丸形状や板金部品などで、この一面図がよく使われています。丸をあらわす直径は「ϕ」、板金の板厚みは「t」という寸法補助記号で形状をあらわすことにより、図の数を減らせるのです（**図10.21**）。寸法補助記号は、第12章12.1項で解説します。

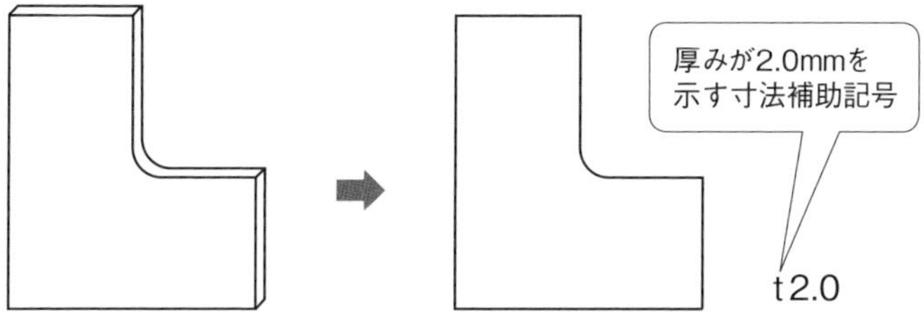

(a)立体図　　(b)一面図(正面図のみ)

図10.21　一面図の事例

どの面を正面図にするのか

どの方向から見た図を正面図にするかについては、JISにおいて「対象物の形状、機能をもっとも明瞭にあらわす図を正面図とする」と規定されています。一番特徴のある面を正面にするという意味です。先の図10.16の事例も特徴のある面を正面図にしています。

実務における部品図は、このルールに基づいて描かれる場合と、元となる計画図での正面の向きに合わせる場合とがあります。計画図の正面と各部品の一番特徴のある面の向きが一致しないことも多々あるので、部品の一番特徴のある面が正面図になっているとは限りません。これは計画図から部品図を作図する際の効率を上げるためなので、特に問題はありません。

第三角法と第一角法

一面図の「一」や三面図の「三」は図の数を意味しますが、第三角法の「三」に数の意味はありません。三次元の立体形状を二次元であらわすのに4つの考え方があり、順番に番号を振って第一角法から第四角法になりました。

第二角法と第四角法は実用に適さないため、残るのは第一角法と第三角法です。日本国内はすべて第三角法を採用しており、ヨーロッパやアジアの一部では第一角法を用いています。第三角法と第一角法の違いは、側面図の左右が逆転し、上面図と下面図が逆転した配置になります。第三角法のほうが直感的にわかりやすいので一安心です。

中心線

線の種類として、外形線とかくれ線に続いて「中心線」を紹介します。中心線は、図形の中心をあらわす線で「細い一点鎖線」を用います。一点鎖線は、長い線と短い線を交互に配置した線になります。

丸形状の場合には、円の中心位置と中心軸を、中心線を使ってあらわします(**図10.22**と**図10.23**)。

名称	線の種類		用途	補足
外形線	太い実線		目で見える部分の形状をあらわす線	連続した線
かくれ線	太い破線または細い破線		見えない部分の形状をあらわす線	一定の間隔で短い線が規則的に繰り返される線
中心線	細い一点鎖線		図形の中心をあらわす線	長い線と極短の線が一定間隔をあけて交互に繰り返される線

図10.22　外形線とかくれ線と中心線

(a) 軸形状の場合

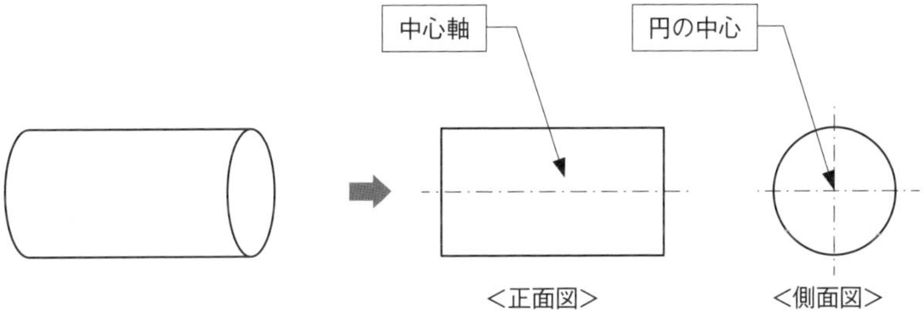

(b) 穴形状の場合

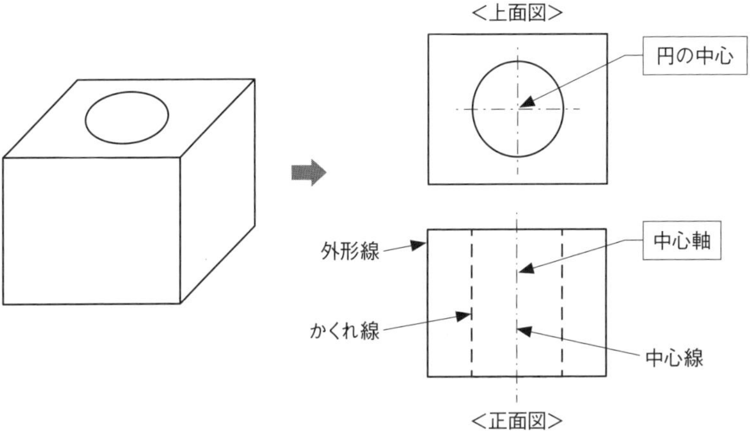

図10.23　中心線の使用例

10.3 第三角法を補う補助図法

補助図法とは

立体形状をあらわす第三角法ですが、この図法も完璧なわけではなく、弱点があります。この弱点を補い読みやすくするのが補助図法で、必要な場合に第三角法と併用します。

本項では、補助図法の中でよく使われている「断面図」「部分拡大図」「中間部省略図」を紹介します。

かくれ線の弱点と対策

線の種類として、対象物を見たときに直接見える線は「外形線」であらわし、見えない隠れた線は「かくれ線」を用いることを前項で紹介しました。

このかくれ線で使用する破線はスキマがあいた線なので、多く使うと直感的に読みにくい図面になってしまいます。

たとえば**図10.24**は直径の異なる穴が複数ある形状ですが、穴はすべて破線で描かざるを得ません。実際の図面では、これに穴の深さを表示するための寸法指示の線が加わるので、さらに読みにくくなってしまいます。

読みにくさの原因は破線の多さにあるので、解決策は見やすい実線で描くことです。そこで内部の形状を一番よくあらわしている面を切断すると仮定します。これにより切断した面は直接見えるので、実線で描くルールを適用できます。この図が断面図で、業種を問わずとてもよく使われる補助図法です。

内部をあらわす全断面図

図10.24の読みにくさを解消した断面図が**図10.25**になります。対称形状の中心を切断することにより内部の穴形状が直接見えるので、すべて実線で描

くことができます。全面を切断しているので「全断面図」といいます。図10.24と図10.25のb図を比較すれば、断面図の読みやすさを実感できると思います。

この形状は、全断面図と右側面図を組み合わせた二面図であらわします。なお切断面の切り口の形状を示すために、斜め45°に細い実線（これをハッチングという）を入れる場合もあります。図10.25のa図の斜線がこのハッチングになります。ただし同b図の全断面図では、作図時間を短縮するために描かないのが一般的です。

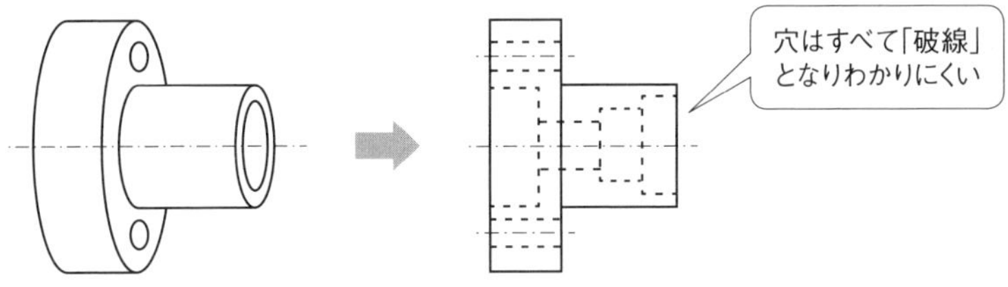

(a)立体図　(b)正面図

図10.24　第三角法での表示

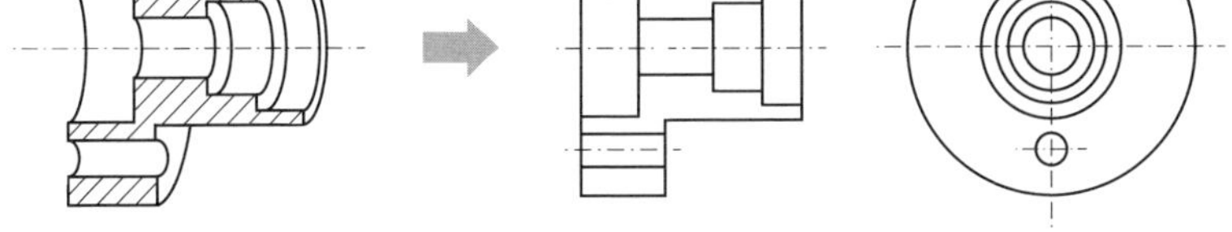

(a)中心で切断すると仮定　(b)全断面図　(c)右側面図

図10.25　全断面図での表示

外形と内部をあらわす片側断面図

図10.26は立体図の半分だけを切断しているので「片側断面図」といいます。外形と内部の形状を1つの図で表示できることが特徴です。この例では上半分が外形を、下半分が内部をあらわしています。ただしこの片側断面図は作図に手間がかかるので、外形と内部の両方を強調する必要がなければ、通常は全断面図で描かれます。

補足ですが、片側断面図では、外形をあらわす側にかくれ線は描きません。断面図で内部をあらわしているので、かくれ線を描く意味がないからです。

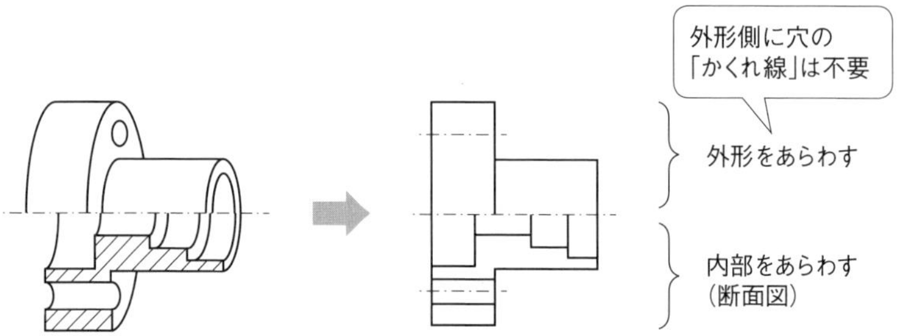

(a)片側だけ切断すると仮定　(b)片側断面図

図10.26　片側断面図での表示

任意の位置で切断する断面図

先の2つの事例では形状が対称形なので、中心線を含む面で切断しました。切断面が明らかなので、図面には切断面の指示も「断面図」の文言表記もありません。これに対して非対称な形を断面図であらわすときは、切断面の位置が図面に示されます。**図10.27のa図**の形状では、くぼみにあいている穴の中心で切断するのが理想です。このように任意の位置で切断する際には、切断面は中心線と同じ細い一点鎖線で指示されます。線の両端が太くなっており、矢印が付いています。この矢印は切断面をどちらの向きから見るかを示しており、この例では切断面を右から左に向かって見ます（**同b図**）。

また矢印には、切断面をあらわす記号が付いています。1枚の図面の中に複数の切断面（断面図）がある場合には「A」から順に「B」「C」の記号を用います。そのうえでどの切断面をあらわすのかを断面図の近辺に「A-A」や、昔からの慣例で「A-A矢視図」と記載されています。

(a) 立体形状と切断面

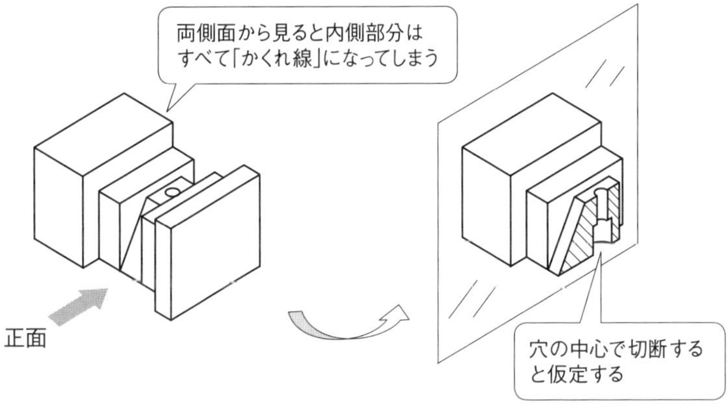

(b) 三面図

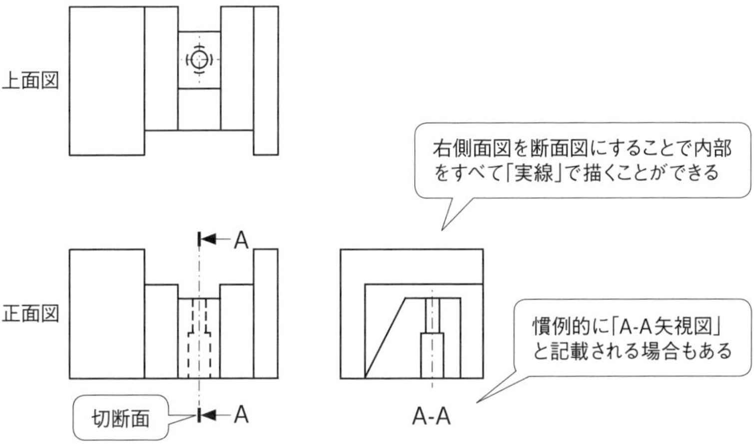

図10.27　任意の位置で切断した断面図

複数箇所を切断した断面図

図10.28は切断面が2カ所以上ある事例です。この断面図では、切断した断面だけを読み手に伝えるために、切断面以外の線は描かれていません。

たとえばCの断面を矢印の方向から見れば、本来は断面の奥にある2つの外形も見えるので、そのままあらわすと切断面と合わせて3重円になります。

しかし奥の外形をあらわす意味はないので、読みやすく切断面だけの図示となっています。なお先の図10.27は、切断面だけでなく奥側も図示した方が読み手は理解しやすいので、見えたとおりにすべて表示しています。

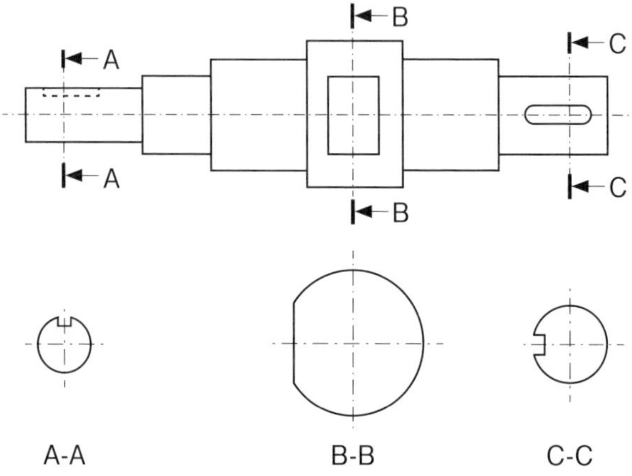

図10.28　複数箇所の断面図

切断面が折れ線状の断面図

図10.29のように、あらわしたい断面が一直線上にない場合もあります。このときには断面図を複数描くのではなく、切断面を折れ線状にすることで、ひとつの断面図であらわすことができます。

このときには切断面をあらわす細い一点鎖線は、両端だけではなく折れ曲がる箇所も太線になります。

断面を示す記号はこの図のように折れ曲がる箇所ごとに記載する方法と、折れ曲がる箇所は省略して、両端だけに記載する方法（A－A）も可能です。

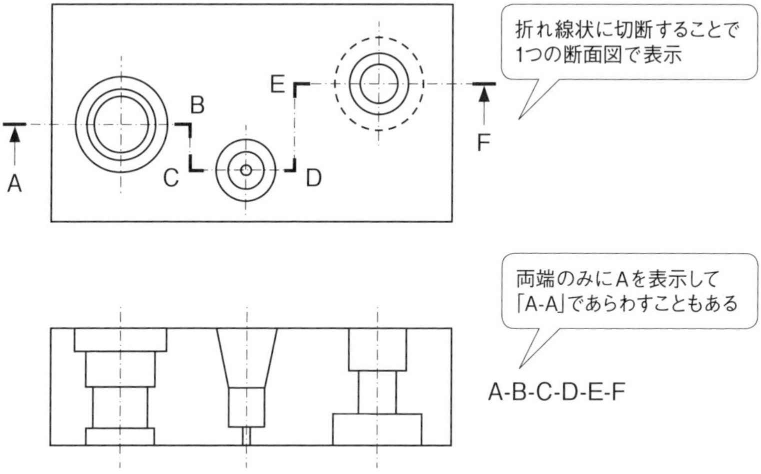

図10.29　切断面が折れ線状の断面図

一部だけ拡大する部分拡大図

対象物が小さいときには、倍尺により拡大して描かれます。この拡大率は最低でも2倍になるので、多くの場合には図面サイズも1段階大きくなってしまいます。しかし拡大したい箇所が対象物の一部でよい場合には、必要な箇所だけを拡大する「部分拡大図」が便利です。これにより図面サイズを大きくする必要がなくなります（**図10.30**）。

拡大する箇所を丸で囲んで、丸の近辺に記号を記載します。また部分拡大図には、記号とともに何倍に拡大したかの尺度がカッコ書きで示されます。

中間部を省略した図法

特別な理由がない場合には、対象物を横長に置いた状態で描くことがJISで定められています。すなわち縦向きではなく横向きに描くのがルールです。

なお対象物が細長くて形状が変わらない場合や、同じ規則で変化している形状（テーパなど）の場合には、中間部を省略して描くことができます。この狙いは図面サイズを小さくできることです。省略して切り取った箇所は「破断線」という「細い実線（細線）によるジグザグ線」で示し、寸法数値の下のアンダーラインは、表題欄の尺度とは異なることを意味します（**図10.31**）。

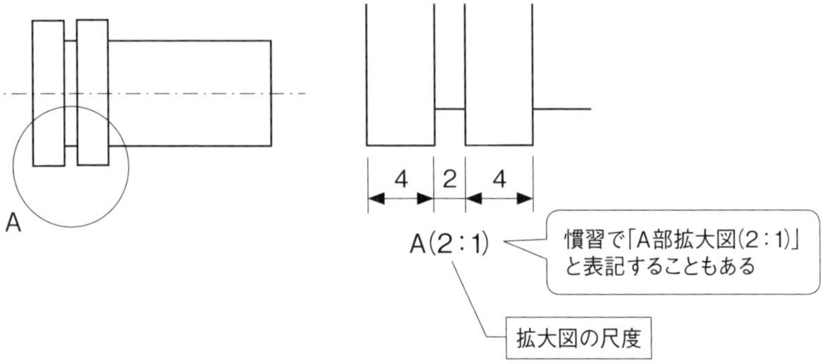

図10.30　部分拡大図

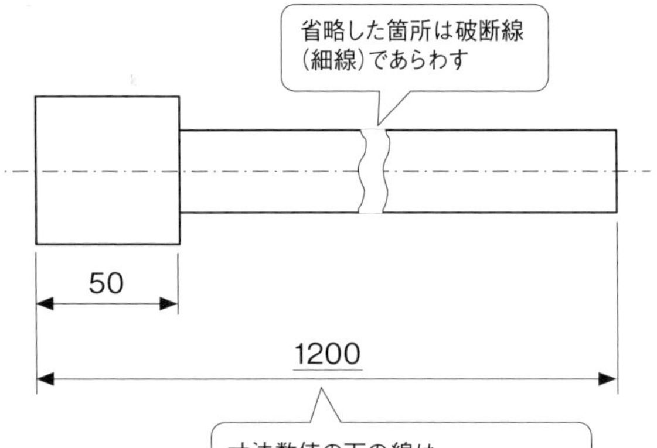

図10.31　中間部を省略した図法

図面編

第11章

形をイメージしてみよう

11.1 イメージの手順

木彫りの手順でイメージする

前章で立体形状を1枚の紙（図面）にあらわす「第三角法」について紹介しました。今回は図面を見て立体の形をイメージしてみましょう。イメージする手順に決まったルールはないのですが、お奨めの方法を紹介します。

木材から像やブローチなどの立体を削り出す木彫りを考えてみましょう。木彫りをする際には、まず木の材料を準備して、削る箇所に鉛筆で線を引きます。この線に沿って不要な箇所を削れば完成です。

図面から形をイメージする手順は、まさにこの木彫りで木材を削っていく手順と同じです。絵に描いた直方体や丸形状の表面に引いた線に従って、不要な箇所を消していけば立体の形ができあがります。慣れれば頭の中だけでイメージできますが、はじめは紙に描いてイメージしていきましょう。

等角投影法で直方体を描く手順

まず木材を用意する代わりとして、手元にある紙に直方体を描きます。直方体を描くにはいくつかの方法がありますが、ここでは便利な「等角投影法」を用います。等角投影法には、次の特徴があります。

[1] 幅方向と奥行き方向の線は、水平線に対して30°の角度で描く

[2] 手前にある線も遠くに離れている線も同じ長さで描く

私たちが見る風景では、同じ長さでも遠くに離れるほど短く見えます。絵画ではそのように見えたとおりに描きますが、これでは手間がかかるので等角投影法では遠くに離れていても同じ長さで描きます。

ではさっそく等角投影法で直方体を描いてみましょう。紙の右下あたりにエイヤッで1つ点を打ちます。この点を始点として、幅・高さ・奥行きをあらわす

3本の線を引きます。幅の線は左斜め上30°の方向に、高さの線は真上に、奥行きの線は右斜め上30°に向けて引きます。

線の長さは実物と同じ寸法（現尺）で描く必要はありません。使用する紙はA4サイズが多いと思うので、この中に収まる寸法で描きます。このとき幅・高さ・奥行きの比率だけは、図とおおよそ合わせておきます。また30°の角度も分度器は使わず目分量で大丈夫です。

直線も多少曲がってもよいので、手描き（フリーハンド）で描く習慣をつけておくと便利です。幅・高さ・奥行きの3本線を引いたら、残りの線は同じ長さで平行に描き足していけば直方体の完成です **(図11.1)**。

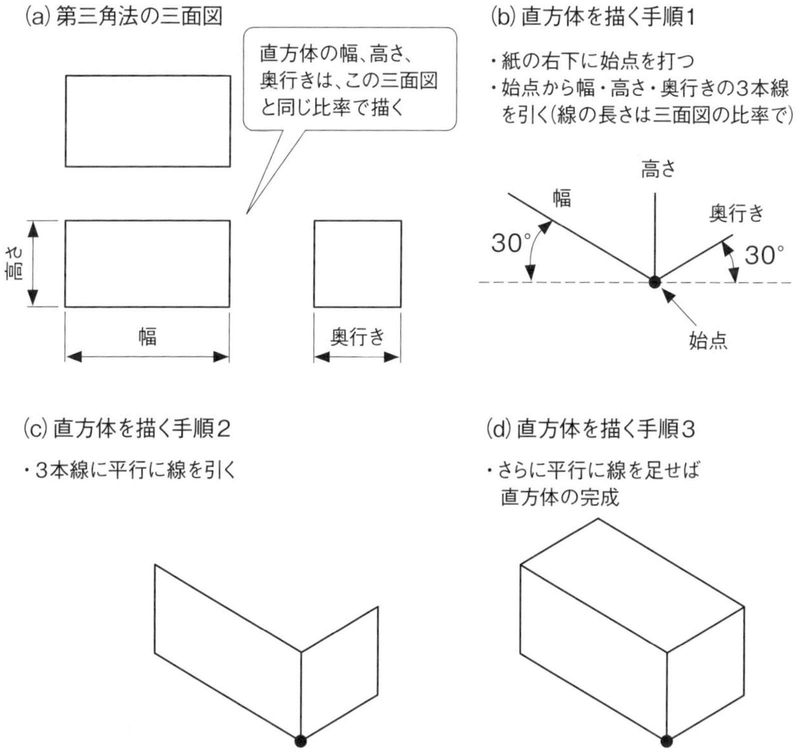

図11.1　直方体を描く手順

立体の形をイメージする4つの手順

立体の形は次の4つの手順でイメージします。手順1は「直方体を描く」、手順2は「線を写す」、手順3は「かくれ線を引く」、手順4は「不要な線を消したら完成」になります。

ここから手順を1つずつ紹介します。

手順1　直方体を描く

今回は**図11.2**の三面図の形を、紙に描きながらイメージしてみましょう。

まずは直方体を描くために、三面図から幅・高さ・奥行きの比率をざっくりと読み取ります。

この図では高さと奥行きがほぼ同じで、長さはおよそ1.5倍なので、幅：高さ：奥行き＝3：2：2の比率に合わせて等角投影法で直方体を描きます。

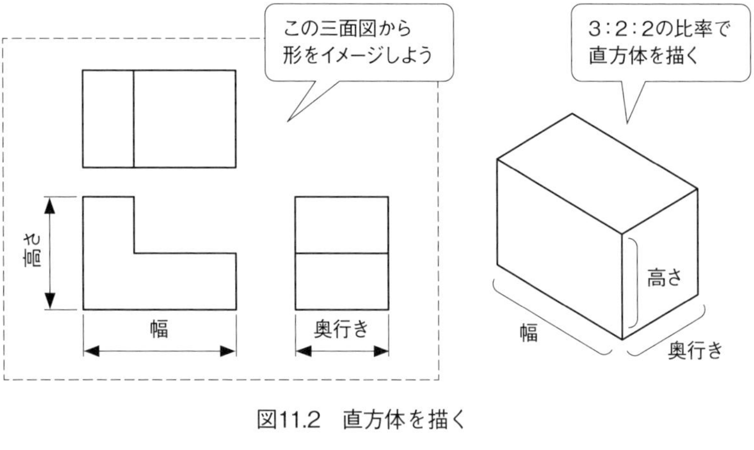

図11.2　直方体を描く

手順2　線を写す

次は削る箇所を鉛筆描きする段階です。第三角法で描かれた線を直方体に描き写します。この描き写しには、2つの決まりごとがあります。

[1] 第三角法の水平線（幅方向と奥行き方向）は、30°の角度で描き写す

[2] 第三角法の垂直線（高さ方向）は、そのまま垂直（縦）に描き写す

30°の角度で描き写すのは、等角投影法の基本線が30°なので、これに合わせるためです。では正面図からスタートしましょう（**図11.3**）。

第三角法の正面図から描き写す線は、幅方向の水平線が1本と高さ方向の縦線が1本になります。これを直方体の正面に描き込みます。

次の側面図には奥行き方向の水平線が1本あるので、これを直方体に描き込みます。線の始点は、先ほど正面図に入れた線の右側の端点になります。この点から右上に30°の線を引きます（**図11.4**）。

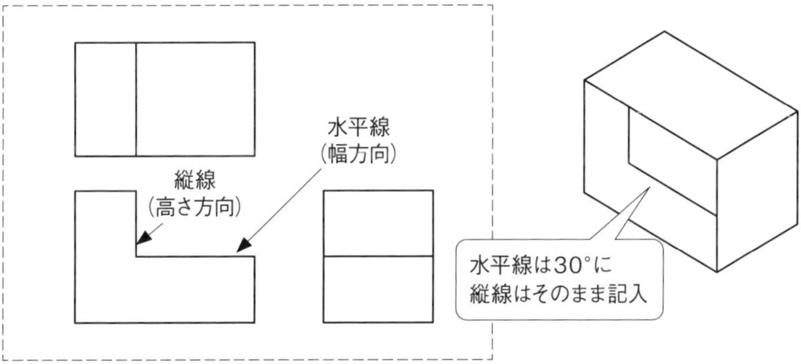

図11.3　正面図の線を写す

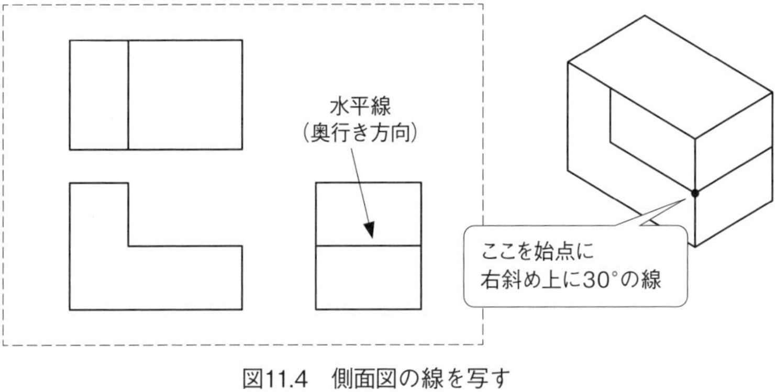

図11.4　側面図の線を写す

最後に上面図の奥行き方向の線は、同じく先ほど直方体の正面に描き込んだ縦線の上端が始点になるので、そこから右上に向かって30°の線を引きます**(図11.5)**。これで、削り取る箇所の線をすべて描き写したことになります。

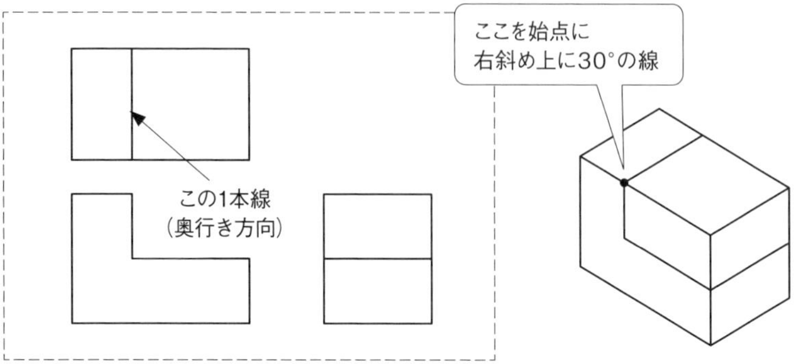

図11.5　上面図の線を写す

手順3　かくれ線を引く

線をすべて写し終わった次に、木彫りでは線に沿って削る手順なので、不要な線を消したくなりますが、その前に、不要箇所を消したあとに見えてくる線を先に引いておくことがコツになります。すなわち不要箇所のかくれ線になるのですが便宜上、実線で描きます。

消す箇所が直方体の場合には3本線を引くことになり、始点は左下点、上点、右下点の3カ所になります。

[1] 左下点からのかくれ線は右斜め上へ30°の線を引きます(図11.6)

[2] 上点からのかくれ線は真下に引きます。すると[1]で描いた線と交わるので、交差した点で止めます(図11.7)

[3] 右下点からのかくれ線は左斜め上30°方向に引きます。そうすると3本の線は一点で交わります。この交点から飛び出した1本目の余分な線は消しゴムで消しておきます(図11.8)。

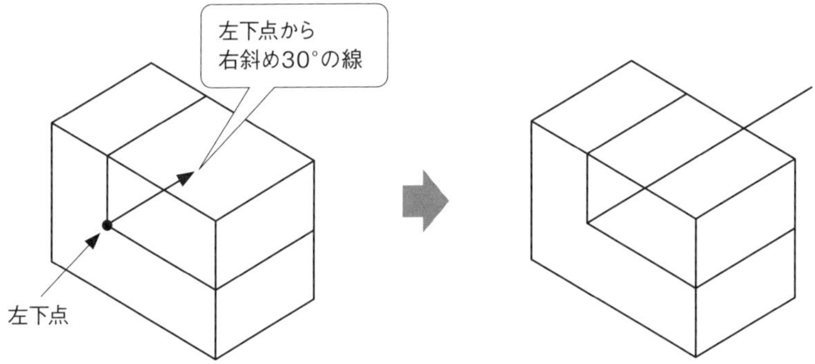

図11.6　左下点からのかくれ線

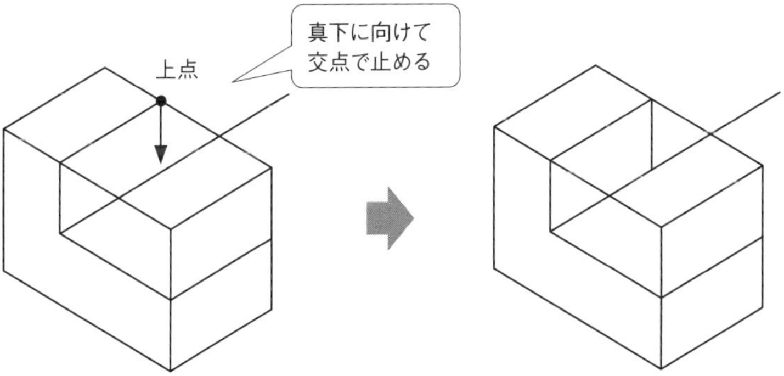

図11.7　上点からのかくれ線

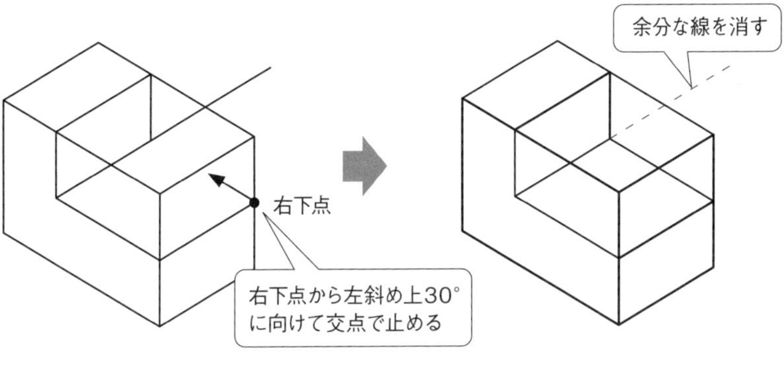

図11.8　右下点からのかくれ線

手順4　不要な線を消したら完成

かくれ線がすべて描けたら、不要な線を消して完成です。最後に残った図が立体のイメージ図になります（**図11.9**）。

ここまで図11.2の三面図から立体の形をイメージする手順を紹介してきました。次項でイメージの演習をおこないましょう。

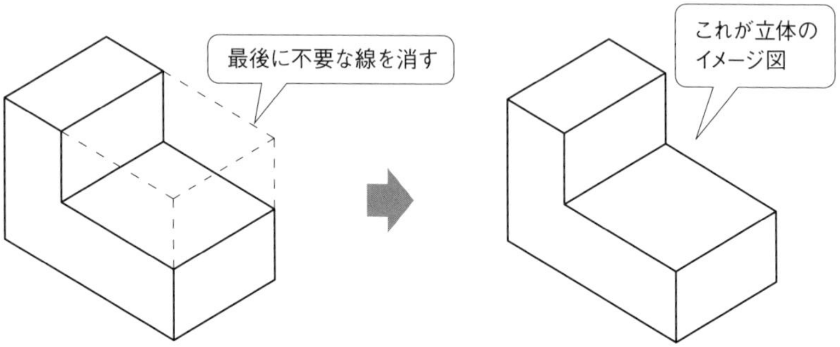

図11.9　不要な線を消せば完成

11.2
イメージする演習

手順1　直方体を描く

では次の**図11.10**の形状を同じ手順でイメージしてみましょう。直方体の幅と高さと奥行きの長さは、三面図とほぼ同じ比率で描きます。

手順2　線を写す

三面図に描かれている線を、直方体に描き写します（**同図の右側**）。三面図の右側面図にかくれ線がありますが、これは正面図におけるくぼみ凹の底をあらわしているので、このかくれ線は直方体に描き写す必要はありません。

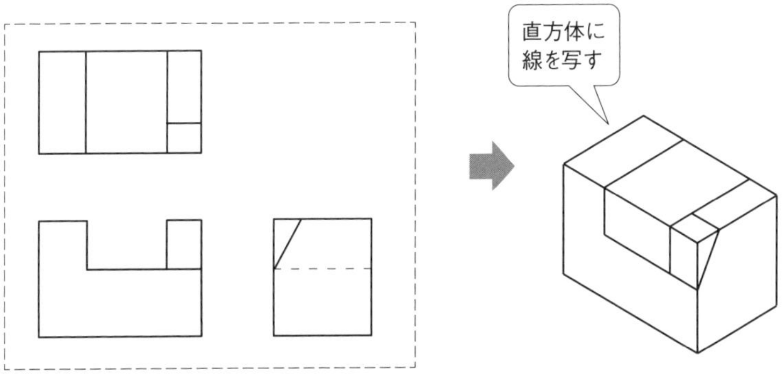

図11.10　線を写す

手順3　かくれ線を引く

不要な線を消す前に、不要箇所を消したあとに見える線を実線で引きます。左下点からは右斜め上30°に、上点からは真下に線を引き、左下点からの線と交差したら止めます。先の例では、次に右下点から左斜め上30°に線を引きましたが、今回の例では右下点が隠れて見えないので、このときには先ほどの2本線の交点から、逆に右斜め下30°に向けて線を引きます。もう1つ右側面の前側の斜面のかくれ線として、A点とB点を結びます(**図11.11**)。

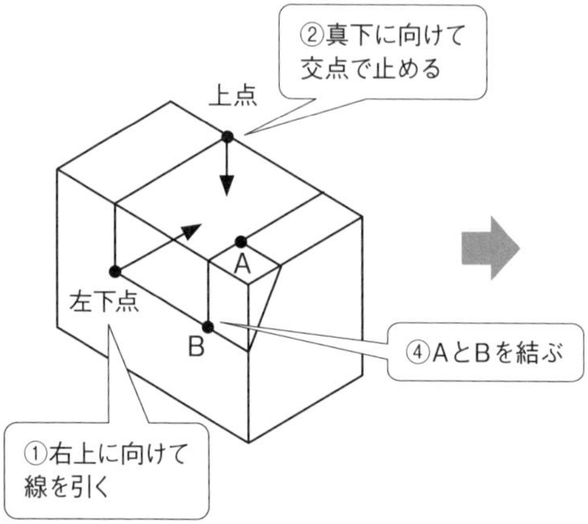

図11.11　かくれ線を引く

手順4　不要な線を消せば完成

不要な線を消しゴムで消せば、残った図形が立体のイメージ図になります(**図11.12**)。

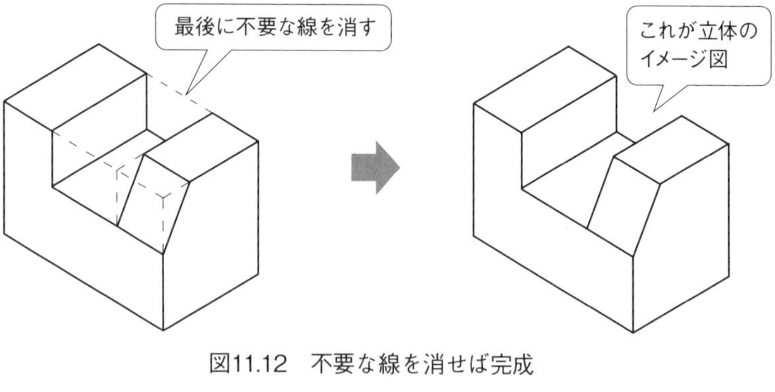

図11.12　不要な線を消せば完成

線がつながらない不具合への対応

では次に少し複雑な図形をイメージしてみましょう。これまでと同じ手順で描くと、手順2の線を写した時点で困ったことがおこる場合があります。

いままでの例では、直方体の表面に描き写した線の端点は、隣の面に描き込んだ線と稜線の上で必ずつながっていました。ところが**図11.13**の図形では、隣の面の線とつながらない線があります。小丸で囲った3カ所です。

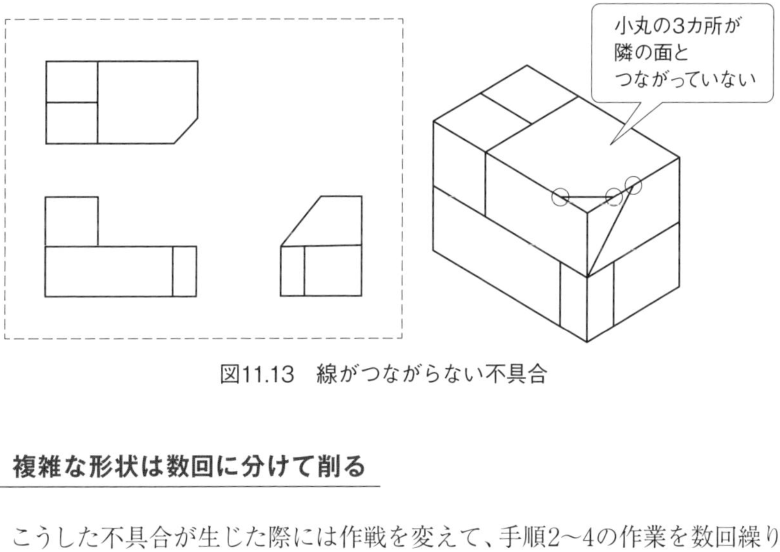

図11.13　線がつながらない不具合

複雑な形状は数回に分けて削る

こうした不具合が生じた際には作戦を変えて、手順2～4の作業を数回繰り返す方法に切り替えます。木彫りでも複雑な形状の場合には、1回ですべてを削るのではなく、削ってはまた鉛筆に持ち替えて、線を写してまた削ることを繰り返します。それと同じ手順で進めます。

そこで1回目は、もっとも特徴のある形に絞り込んで、手順1～4によってつくります。図11.13で一番特徴的な形は正面図のL字形なので、1回目はL字形だけを削ります。

L字形に削れたら、2回目は残りの線を引いて削ることで、残った図形が立体のイメージ図になります。では手順を追って見てみましょう。

1回目の木彫り

まず1回目はL字形をつくります（**図11.14**）。

手順1　直方体を描く

手順2　L字形の線だけを写す

手順3　かくれ線を引く

手順4　不要な線を消してL字形の完成

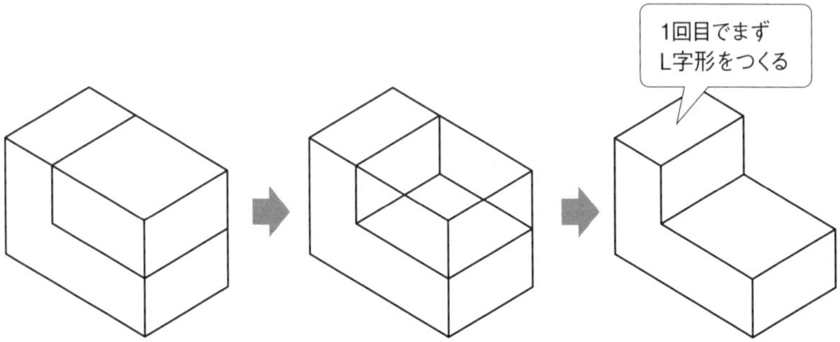

(a) 直方体にL字形の線だけを写す（1回目の手順1と2）　(b) かくれ線を引く（1回目の手順3）　(c) 不要な線を消す（1回目の手順4）

図11.14　特徴のある形を先行する

2回目の木彫り

次にL字形を元に2回目として、手順2～4で削って仕上げます（**図11.15**）。

手順2　1回目で描き写さなかった残りの線を写す

手順3　かくれ線を引く

手順4　不要な線を消したら完成

この例のように、手順2で矛盾が生じた際には、第三角法の図を見て、まず一番特徴のある形だけを最初につくることがコツになります。

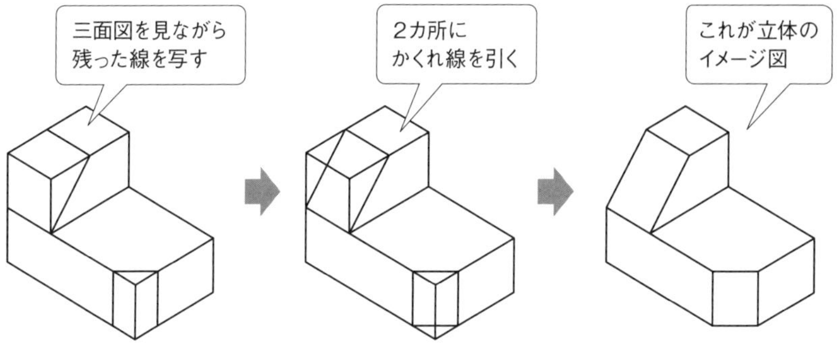

(a) 残りの線を写す
（2回目の手順2）

(b) かくれ線を引く
（2回目の手順3）

(c) 不要な線を消す
（2回目の手順4）

図11.15　2回目で仕上げる

イメージするスキルを上げる

ここまで紹介したように、木彫りと同じ手順により形をイメージします。先の例では2回に分けてイメージしましたが、さらに複雑な形状の場合には、3回、4回に分けて少しずつ削っていけば、必ず完成形に到達します。

イメージするスキルを上げるには、多くの事例に触れることが効果的です。読み込んだ図面の枚数に比例してスキルは向上しますので、自社や取引先の図面を見ながらイメージに取り組んでみてください。

大切なのは、手を動かして実際に紙に描くことです。このときスピードは気にせず、ゆっくりで構いません。経験を積めば自然にスピードは上がっていき、簡単な形状なら描かなくても頭の中だけでイメージできるようになります。

疑問点があれば、先輩や社内の技術者に質問してください。そのときに先輩が描いて説明してくれる手順は思考の手順そのものなので、しっかりと見ておくことが大切です。

Column

アナログとデジタルの良さを使い分ける

最近はいろいろな面でデジタル化が推奨されています。「DX（デジタルトランスフォーメーション）」や「インダストリー4.0」や「IoT」などが知られています。しかしすべてデジタル化することがよいわけではありません。アナログとデジタルの良さを使い分けることが大切です。

そのポイントは「考えることはアナログ」「情報処理はデジタル」です。

開発系であれば、製品設計や設備設計の構想はアナログで考えます。机上で鉛筆を使って何度も描きなぐりながら考えを深めます。構想が固まったら、頭の中の思考をCADに一気に落とし込みます。これに対してポンチ絵といった初期の構想段階からCADを使うと、頭の思考スピードにCADはまったく追いつかないので、時間がかかるだけでなく図面の質も落ちてしまいます。

すなわち考える作業はアナログで、考えたことを図面化する作業はデジタルのCADを用います。CADのメリットは計画図を描けば、あとはほぼ自動で部品図と組立図が作図できることです。

モノづくり現場も同じです。ときおり見かけるのは、日程が守れないので日程管理システムを導入する、在庫があふれるので在庫管理システムを導入するといった事例です。日程が守れないのは、スキル不足なのか、飛び込み業務が多いのか、計画自体に無理があるのか。在庫が多いのは、余分に手配しすぎているのか、設備のトラブル停止が多いからなのか、といったようにさまざまな原因が絡んでいると思います。その原因に対して手を打たずに、高額なシステムを導入しても、問題は決して解決しません。

モノづくりの問題はメンバーが集まって知恵やアイデアを出してアナログで解決します。問題が解消したうえで、人手がかかっている管理作業をシステムに置き換えることで、はじめて抜群のデジタル効果が得られるのです。

Column

図面編

第12章

情報の読み方

12.1 寸法数値と寸法補助記号

狙い値をあらわす寸法数値

ここまでの章で形をイメージする方法を紹介してきました。ここからは図面に記載された情報の読み方を解説します。

数字や文字、記号で示される情報には「寸法数値」や「寸法補助記号」、狙い値に対して許されるばらつきをあらわす「公差」や「表面粗さ」、また「溶接記号」や「ねじ記号」などがあります。これらを順に見ていきましょう。

寸法数値は、長さや大きさ、位置、角度などを具体的に指定する数値です。長さの単位にはメートル（m）、センチメートル（cm）、ミリメートル（mm）、マイクロメートル（μm）があり、このほかにも日本固有の寸や尺や里、海外のインチ、フィート、マイルなども知られています。

このように長さの単位には多くの種類がありますが、図面にはミリメートル（mm）を使用します。表記は数値のみが示され、単位のmmは省略しています。

また日常生活では金額などの数値に3桁ごとのカンマ（,）を入れることもよくありますが、図面ではカンマの使用は禁止です。小数点（.）との読み間違いを防ぐためです。また角度寸法には度（°）の単位を用います。

寸法数値の表示

寸法数値は「寸法線」と「寸法補助線」と呼ぶ線を使って示されます。寸法線は対象物の長さや角度を測定する方向に平行に引く細線で、寸法補助線は寸法線を記入するために図から引き出す細線になります。対象物の形をあらわす実線は太さ0.5mmが目安であるのに対して、細線の目安は0.3mmです。線の太さによって、形と寸法情報を区別しています（**図12.1**）。

寸法線の両端には矢印がつき、矢の向きにより「内矢印」と「外矢印」があります。通常は内矢印を用いますが、寸法線が短くなると矢印が入らなくなるので、外側からはさみ込むように外矢印を用います。さらに内矢印も外矢印も描くスペースがない場合には「黒丸（●）」を用いる場合もあります **(図12.2)**。

これも描くスペースがないときは、倍尺により拡大します。

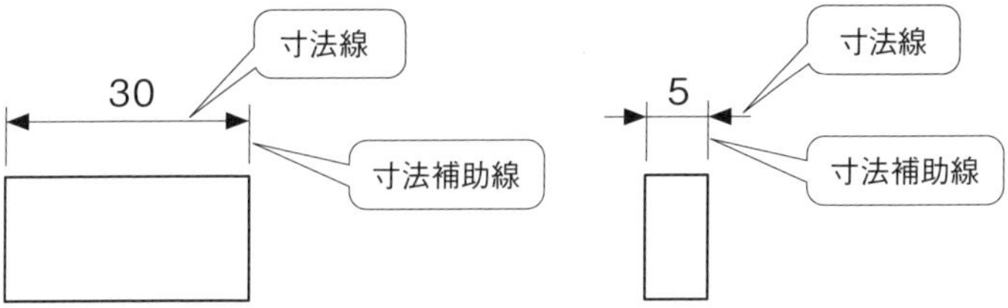

(a) 内矢印の指示　(b) 外矢印の指示

図12.1　寸法線と寸法補助線

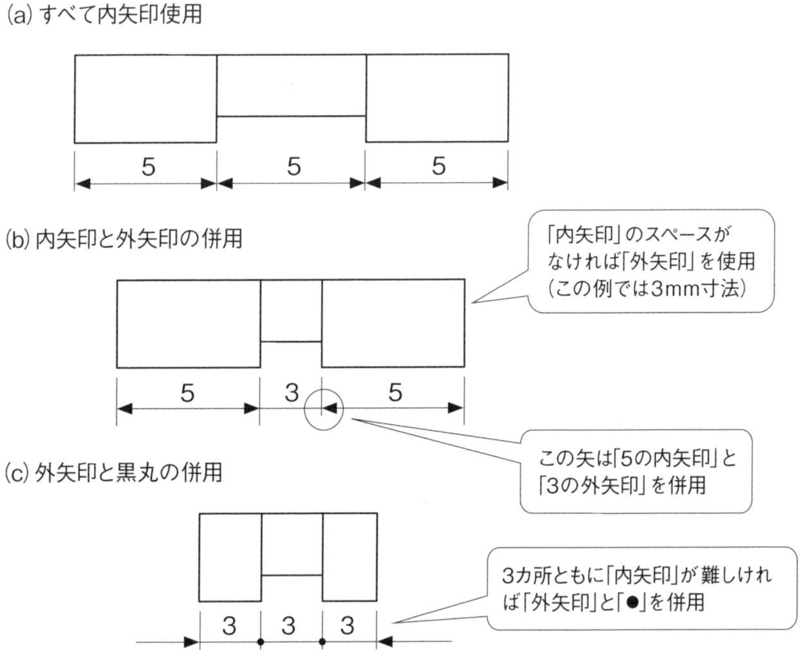

図12.2　寸法線の矢印と黒丸の事例

3つの寸法記入法

寸法数値の記入には3つの方法があります。同一直線上に配置した寸法線に表示する「直列寸法記入法」、部品の端部といった基準からの長さを並列に表示する「並列寸法記入法」、基準からの長さを同一直線上の寸法線であらわす「累進寸法記入法」の3種です（**図12.3**）。これら記入法の名称を覚える必要はありませんが、違いを理解しておきましょう。

並列寸法記入法と累進寸法記入法は、記入法が異なるだけで同じ意味になります。すなわちまったく同じモノができます。

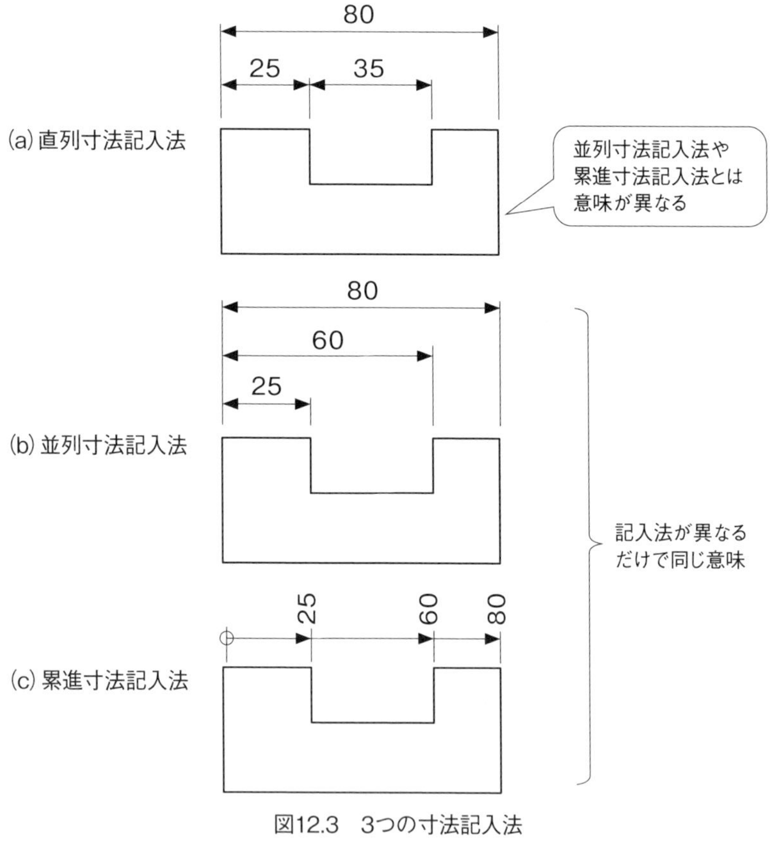

図12.3　3つの寸法記入法

しかし並列寸法記入法もしくは累進寸法記入法と、直列寸法記入法は意味が異なります。加工後の検査において、直列寸法記入法の図面では合格でも、並列寸法記入法の図面では不合格になる場合や、その逆も生じるのです。これには公差の知識が必要となるので、次の12.2項の寸法公差で解説します。

並列寸法記入法と累進寸法記入法

ここでは並列寸法記入法と累進寸法記入法の違いを紹介します。先の図12.3で両者を比べると、並列寸法記入法は直感的にわかりやすい反面、寸法数値の数が多くなると、寸法線の本数も増えるうえに、寸法数値の位置が図から離れていくため、読みにくくなってしまいます。

累積寸法記入法は、基準となる点を起点記号の丸○で示し、1本の連続した寸法線で表示します。寸法数値の数が増えても、寸法線を一直線上に伸ばすだけで対応できることが利点です。ただし寸法線の向きによっては同c図のように寸法数値が横向きに表示されるので、読みにくいのが弱点です。JIS（日本産業規格）では並列寸法記入法と同じように寸法数値を縦向きに記入する方法も認められていますが、隣の数値に接近すると読み間違いのリスクが高まるので、実務では縦向きの記入は避けています。以上のように両者の記入法には、一長一短があるので、読みやすさで選択しています。

便利な寸法補助記号

次によく使われている寸法補助記号を紹介します。記号を使うことにより、製図が楽になると同時に、図面がシンプルになって読みやすさも改善する一石二鳥の利点があります。

[1] 半径「R」

半径はR（アールと呼ぶ）で表示され、たとえば「R3」は半径3mmを意味します（**図12.4**）。半径を示す寸法線を円弧の中心から引く場合には、半径記号のRは省略してもよいことになっていますが、実務では直径との読み間違いを避けるために、省略せずにRを記載するのが一般的です。

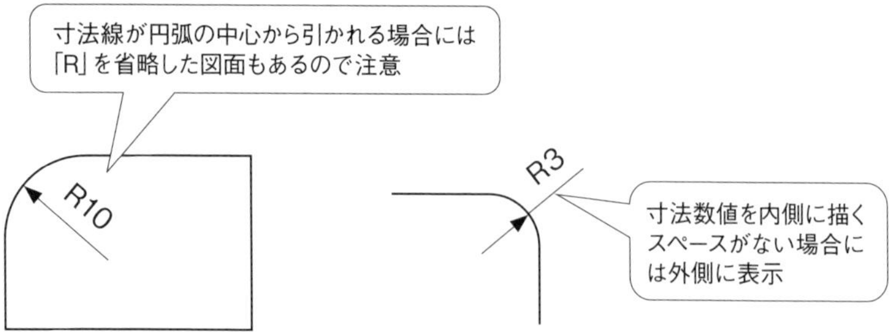

(a) 一般的な指示　　(b) 数値を外側に表示

図12.4　半径をあらわす「R」

[2] 直径「φ」

直径はφ（ファイやマルと呼ぶ）であらわされます。φ記号を用いることで、丸形状を一面図で描けることがメリットです（**図12.5のa図**）。

同b図のように円形の図に直径を指示する場合には、φは付けずに直径の寸法数値だけを記入する方法も認められています。「φ8」ではなく「8」と表記されているので、半径と読み間違えないように注意が必要です。

設計者はこうしたリスクを避けるためにも、半径Rと同じようにφ記号をつけることをお奨めします。

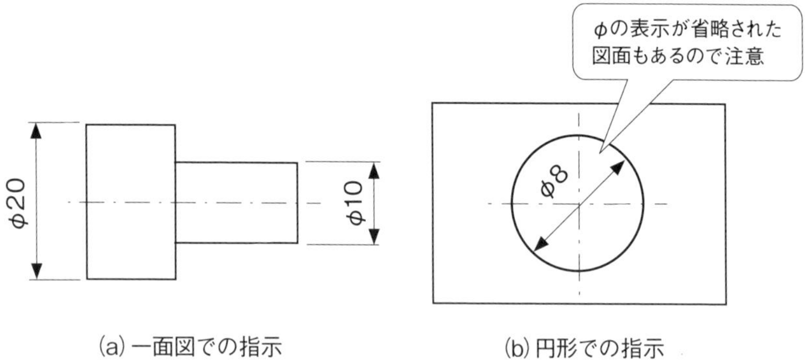

(a) 一面図での指示　　(b) 円形での指示

図12.5　直径をあらわす「φ」

穴径の寸法表示にも直径ϕを用います。穴が裏まで貫通している貫通穴には穴の深さ指示は必要ありませんが、穴が途中までの止まり穴には、直径寸法の後ろに深さ寸法の指示が入ります（**図12.6のa図**）。

また同じ直径の穴が複数個ある場合には、必要個数が直径指示の前に表示されます。「3×ϕ6」は直径6mmの穴が3カ所あることを意味し（**同b図**）、旧JISでは「3－ϕ6」と表記されています。

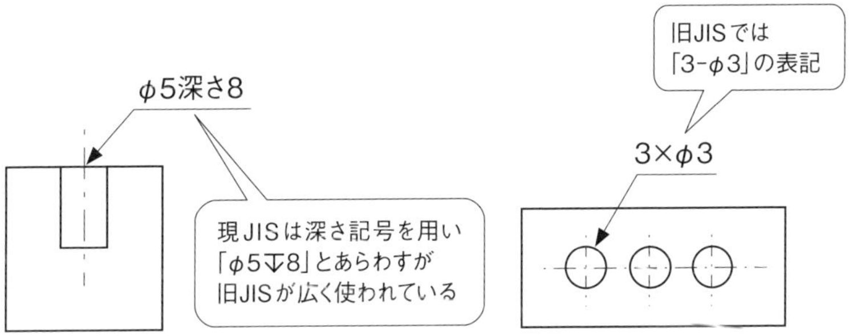

(a) 穴深さの指示　　(b) 個数の指示

図12.6　穴深さと個数の指示

[3] 板の厚さ「t」

板金などの厚さはt（ティー）で示されます。「t2」は厚み2mmの意味になり、正面図の近辺に表示されます（**図12.7**）。

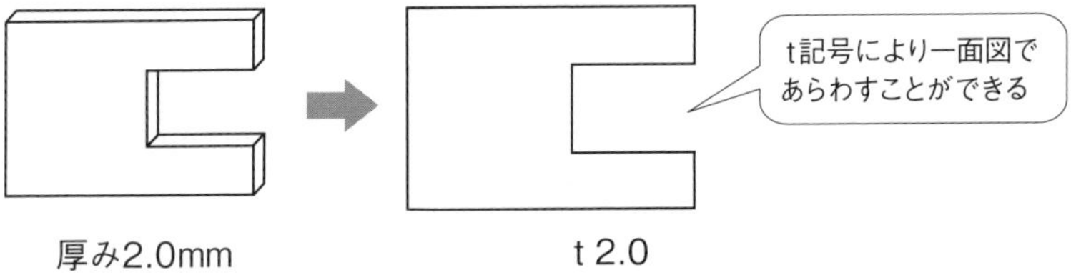

(a) 立体図　　(b) 一面図での指示

図12.7　板厚をあらわす「t」

[4] 45°の面取り「 C 」

直角で交わる角に45°の面をつける加工をC面取りといい、記号C（シー）であらわします（**図12.8**）。第6章6.5項で紹介したように、面取り加工の主な目的は加工時に発生するバリの除去です。加工のバリは、加工者のスキルが原因ではなく物理的に生じるものなので、ケガ防止と寸法精度や表面粗さの悪化を防ぐために、加工後に手作業でバリを取ります。

昔の図面ではバリ取りを「糸面取り」と指示していましたが、現在は面取りの大きさを数値で指示する必要があるので、C0.1～0.3が目安になります。多くの企業では個々に指示するのではなく、図面の原紙に「指示なきコーナーにはC0.1～0.3を加工のこと」のように一括指示しているのが一般的です。

ときおり見かける「バリなきこと」の指示は禁止です。数値化しなければ、検査で合否判定ができないからです。

なお45°以外の面取りには、C記号は使えないので角度で指示します。

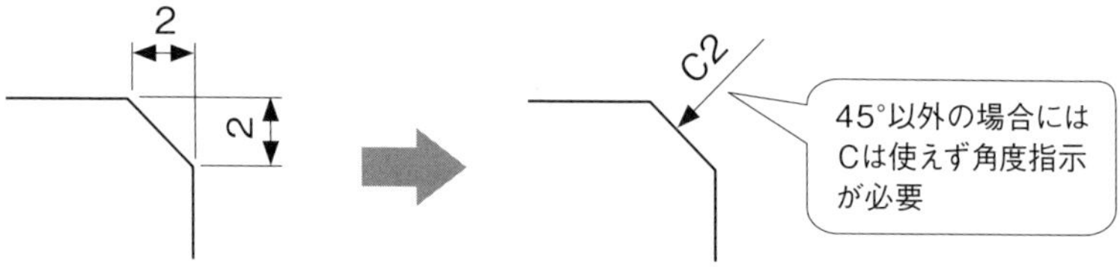

(a) 寸法数値での指示　　(b) C記号での指示

図12.8　45°の面取り「C」

[5] 正方形の辺「 □ 」

断面形状が正方形の場合に、正方形を□（カクと呼ぶ）であらわすことができます。□記号に続く寸法数値は、正方形の辺の長さを示します。たとえば円柱と直方体が合体した**図12.9**の形状では、この□記号を用いることにより、一面図で形状をあらわすことが可能になります。

この図面内に細線で描かれた対角線の×は「平面」を意味しますが、描かない場合も多くあります。

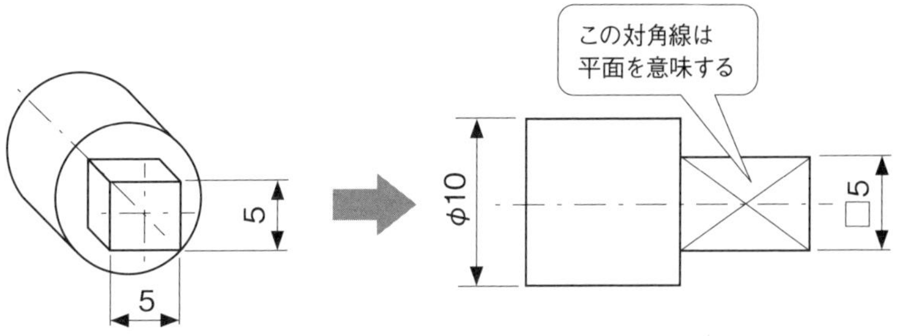

(a) 立体図　　(b) 一面図での指示

図12.9　正方形の辺「□」

加工方法を指示するきり穴

図面に表示されている寸法に加工するうえで、どの工作機械を使うのか、どの工具を用いるのかは、加工者に一任しています。加工者はいかに正確に短時間で加工するかの視点で判断します。

それに対して設計者自身が加工法を指示する特例のひとつが「きり穴」になります。きり穴はドリルという工具で穴加工することを意味し、図面では「5キリ」といったカタカナ表記になります。ドリルは主に卓上ボール盤を用います（第6章の図6.12と図6.13）。

ここでは「φ5」と「5キリ」の違いを理解してください。「φ5」は一般的な考え方に基づき、工作機械と工具は加工者に一任し、加工後の寸法を直径5mmにするという意味です。

これに対して「5キリ」は、工具はドリルを使うと指示したうえで、5mmは加工後の穴径寸法ではなく、工具径すなわちドリル径を指します。すなわち5キリは直径5mmのドリルで穴加工してくださいという意味になります。

では直径5mmのドリルで穴をあけると、加工後の穴径はいくらになるのでしょうか。これは材料の種類によっても、穴の深さによっても変わるのですが、ドリル径よりもおおよそ0.1mmほど大きくあきます。工具径を指定する代わりに、加工後寸法は保証しなくてもよいのがきり穴の特徴です（**図12.10**）。

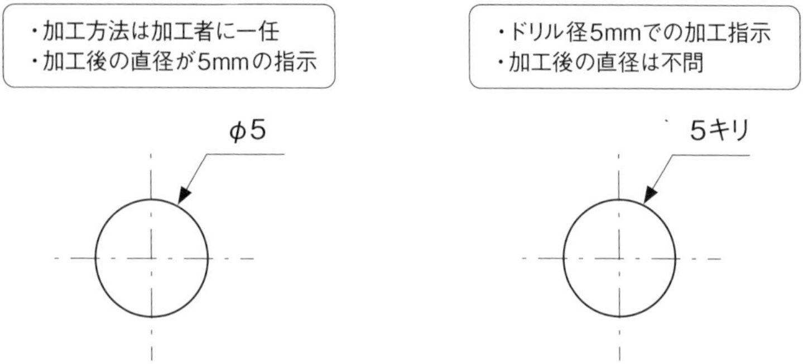

(a) 直径φの指示　　(b) きり穴の指示

図12.10　直径φときり穴指示の違い

きり穴の深さ指示

きり穴の深さ指示は、前述の直径φ記号と同じく、止まり穴の場合には深さ寸法が記載されます。きり穴はドリルで加工するので、止まり穴の先端には118°の角度がつきます。図面では簡略化して120°で表示されます。

きり穴の深さ寸法は、118°の円すい部分は含まずにストレート部の長さになります。

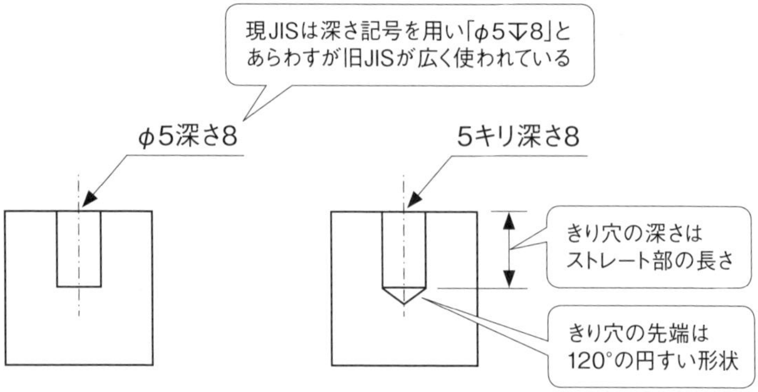

(a) 直径φの深さ指示　　(b) きり穴の深さ指示

図12.11　穴の深さ指示

図12.11のa図では止まり穴の先端が平らなので、エンドミル（第6章の図6.9）で加工することがわかり、**同b図**はきり穴指示なので止まり穴先端に120°の角度がついています。

きり穴の狙い

設計者がきり穴を指示する意図は「コスト最優先で穴をあけてほしい」ことです。穴加工には、ドリル以外にリーマやエンドミルによる加工、放電加工、レーザ加工など多くの方法がありますが、一番安く加工できるのがドリル加工だからです。その代わり、加工後の穴径の精度が多少悪くなっても問題はないとの判断です。

穴径がばらついてもよいきり穴の主な用途は、ねじを通すための貫通穴です。この貫通穴はねじ径よりも1mm大きくあけるのが一般的です。たとえばM4ねじの場合は、直径5mmの穴が必要になりますが、この5mmが5.1mmや5.2mmになってもその程度の差はまったく問題がないので「φ5」ではなく加工コストの安い「5キリ」と指示します。

逆に加工後の寸法精度が必要な用途には、φ記号で指示します。

きり穴と併用する座ぐり加工

第6章6.3項でも紹介したように、きり穴の加工後、きり穴の入り口にさらに大きめの穴をあける加工を座ぐり加工といいます。加工深さの違いにより、深さの浅い「座ぐり」と、深さの深い「深座ぐり」があります。

座ぐりは、鋳物などの表面がザラザラな部品をねじ固定する際に、表面を削って平らな面をつくるための加工です。面が荒れているとねじが緩むリスクが高いためです。ザラザラな表面だけを削ればよいので、1mm程度の加工深さが目安になります（**図12.12のa図**）。

一方、深座ぐりは、六角穴付きボルトで固定する場合に、ボルトの頭を沈める（埋める）ための加工です。そのため深座ぐりの寸法は、六角穴付きボルトの頭の径と高さよりも少し大きめの設定になります（**同b図**）。

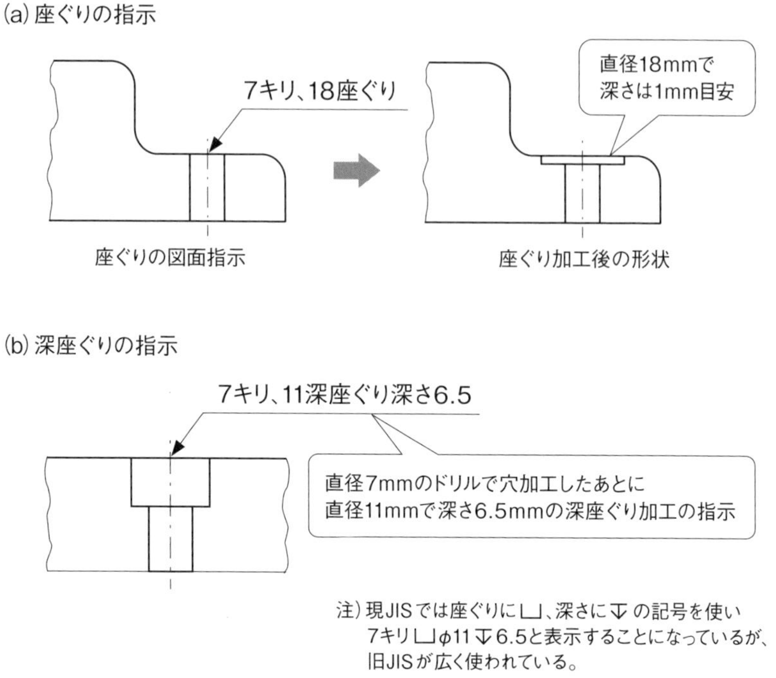

図12.12　座ぐりと深座ぐりの指示

12.2 寸法公差

ばらつきの許容範囲を示す公差

図面に示される大きさや形状に対して、実際に完成した部品などに許されるばらつきの範囲を示すのが公差です。この公差には「寸法公差（サイズ公差）」「はめあい公差」「幾何公差」の3種類があります。

本項では、長さ寸法を対象とする寸法公差について説明します。なおJIS B 0401（2016）で、寸法公差をサイズ公差と呼ぶようになりましたが、認知度が低いため、本書では従来どおり寸法公差の名称を優先的に使用します。

合否の判定に不可欠な公差の指示

図面には、幅・高さ・奥行きや直径といった寸法の狙い値が示されています。たとえば50mmと示されている場合、加工者は50mmを狙って加工しますが、加工後の測定値が50mmジャストの50.000…mmのように限りなくゼロが続くことはありません。49.98mmや50.01mmといったようにどうしてもズレが生じます。

また設計者も50mmと指示するものの、49.9mmから50.1mmの間であれば問題なし、といったように許されるばらつきの範囲があります。この許容範囲が公差になり、設計者が指示をおこないます。もし公差の指示がなければ、検査しても合否を判定できません。

公差の指示方法の違いにより、数値で示す「寸法公差（サイズ公差）」、軸と穴との関係を記号で示す「はめあい公差」、形状や姿勢や位置に対する「幾何公差（きかこうさ）」の3種類があります。寸法公差はすべての図面に適用され、はめあい公差と幾何公差は必要な場合に指示されます。

では、これらの公差を順に見ていきましょう。

寸法公差の読み方

寸法公差の読み方を5つの事例で紹介します(**図12.13**)。まず狙い値だけが示されているケースです。これは決して公差がないのではなく、記載が省略されているだけで、読み手が自身で公差を読み取ります。これを普通公差といい、読み方はこのあとで解説します。

公差の記載がある場合で、もっとも一般的なケースは「±(プラスマイナス、略してプラマイという)」であらわされます。狙い値に対して上限側に許される範囲と下限側に許される範囲が同じ場合に用います。たとえば狙い値50mmに対して、上限側と下限側にそれぞれ0.1mmの許容範囲がある場合は「50±0.1」と示されます。すなわち49.9~50.1mmが合格範囲になります。

それに対して、上限側の範囲と下限側の範囲が異なると±ではあらわせないので、それぞれ合わせて2行で示されます。このとき上の行が上限側、下の行が下限側になります。たとえば狙い値に対して上限の許容範囲が0.2mm、下限の許容範囲が0.1mmのときは「$50^{+0.2}_{-0.1}$」とあらわされ、49.9~50.2mmが合格範囲になります。

公差表示	最小許容寸法 (下限値)	最大許容寸法 (上限値)
50 (公差表示なし)	普通公差に従う	
50±0.1	49.9	50.1
$50^{+0.2}_{-0.1}$	49.9	50.2
$50^{+0.2}_{+0.1}$	50.1	50.2
$50^{-0.1}_{-0.3}$	49.7	49.9

注)現JISでは最小許容寸法を「下の許容サイズ」、最大許容寸法を「上の許容サイズ」という。

図12.13　寸法公差の表示例

公差の符号は大事

公差につくプラスの符号やマイナスの符号は大切です。ときおり見かけるケースで、上限側にも下限側にもプラス（+）符号がついた「$50^{+0.2}_{+0.1}$」や、逆にどちらもマイナス（−）符号がついた「$50^{-0.1}_{-0.3}$」といった表記があります（図12.13の下2行）。これらの場合も上の行が上限値で、下の行が下限値です。

すると「$50^{+0.2}_{+0.1}$」の上限値は50.2で下限値は50.1となり「$50^{-0.1}_{-0.3}$」は上限値49.9で下限値は49.7となり、どちらも狙い値50から外れているので不自然に思えます。

このあらわし方は、凹の部品（穴や溝など）と凸の部品（軸やキーなど）をはめあわせて位置決めする場合に用います。位置決めで大事なことは、はめあわせた際のすきまの程度です。正確に位置決めするには、すきまが小さいことが望ましく、逆に位置決め精度が必要ない場合には、すきまの大きい方がはめあわせの作業は容易になります。では凹凸をはめあわせた際のすきま量を見てみましょう。

凹凸のはめあわせの公差指示

凹凸をはめあわせた際のすきまがもっとも小さくなるのは、凹部品のくぼみが公差内で一番小さくできたモノと、凸部品の突起が公差内で一番大きいモノの組み合わせになります。たとえば凹のくぼみ寸法が「$50^{+0.2}_{+0.1}$」、凸の突起寸法が「$50^{-0.1}_{-0.3}$」であれば、すきまが最小になるのは、50の狙いに対して凹の下限値+0.1と凸の上限値−0.1の組み合わせなので、その差が最小すきま0.2mmになります。

逆にすきまが最大になるのは、凹の上限値+0.2と凸の下限値−0.3の組み合わせのときなので、その差は最大すきま0.5mmになります。このようにすきま量が容易にわかるのに加えて、すきま量の変更も容易なことがこの表記方法のメリットです。この例で最大すきまを0.5mmから0.4mmに変更したいときは、0.1mm縮めればよいので、凸の公差の下限側を0.1小さくして「$50^{-0.1}_{-0.2}$」に修正すると即座に対応が可能です（**図12.14**）。

このように凹凸のはめあわせでは、両方の狙い値を合わせておいて（この場合は50）、凹はプラス符号で、凸はマイナス符号で公差指示すると、描き手も読み手も便利です。

もしこの寸法公差を±であらわすと、凹は「50.15±0.05」、凸は「49.8±0.1」になりますが、この表記ではすきま量の計算もわずらわしく、すきま量を変更するのも一苦労なことがわかると思います。

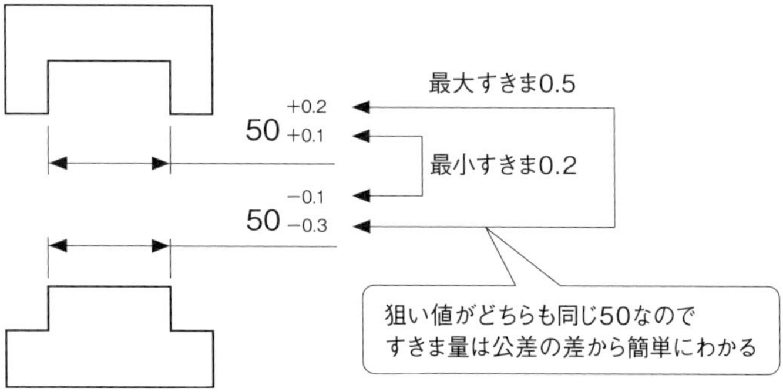

図12.14　凹凸のはめあわせの公差指示

便利な普通公差のルール

図面のすべての寸法に公差を記入すると、描き手の負担になるだけでなく、図面も煩雑になり読みにくい図面になってしまいます。そのための対応策として「普通公差」があります。慣習的に「一般公差」とも呼びます。

普通公差は、事前に長さ寸法（外側寸法、内側寸法、段差寸法、直径、半径など）と角度寸法ごとに公差を決めておくもので、普通公差を適用させる寸法には、狙い値だけを記載し公差は省略します。これによりシンプルな読みやすい図面になります。この普通公差はJISに基づくのが一般的です。

JISの規格には4つの公差等級があり、この中から適した等級を選択しますが「中級」がもっとも実用的でよく採用されています。

ではJISの普通公差「中級」の場合の公差を読んでみましょう。たとえば10mmの場合には、**図12.15**の普通公差の寸法区分において「6を超え30以下」に該当するので、公差は「±0.2」が適用され「10±0.2」となります。50mmでは「30を超え120以下」に該当し、公差は「50±0.3」になります。

寸法の区分		公差等級			
		精 級	中 級	粗 級	極粗級
0.5以上	3以下	±0.05	±0.1	±0.2	—
3を超え	6以下	±0.05	±0.1	±0.3	±0.5
6を超え	30以下	±0.1	±0.2	±0.5	±1
30を超え	120以下	±0.15	±0.3	±0.8	±1.5
120を超え	400以下	±0.2	±0.5	±1.2	±2.5
400を超え	1000以下	±0.3	±0.8	±2	±4
1000を超え	2000以下	±0.5	±1.2	±3	±6
2000を超え	4000以下	—	±2	±4	±8

注）単位はmm。0.5mm未満の公差は、個々に指示する。

図12.15　JISの長さ寸法の普通公差

普通公差を適用した図面

普通公差に適用しない場合には、寸法数値に公差が記載されます。たとえば50mmの寸法に±0.1mmの公差が必要なときは「50±0.1」と示されます。そのため多くの図面では、公差の記載がない寸法と記載のある寸法が混在します。公差の記載がなければ、普通公差（どの等級を使うかは図面に指示される）から読み取り、公差の記載があればその指示に従います（**図12.16**）。

このように普通公差は非常に便利なルールなので、業種を問わずほとんどの図面で採用されており、図面の原紙に普通公差の表が印刷されているケースがほとんどです。どの等級を使うのかもここに記されているので、手元の図面で普通公差の指示を確認してみてください。

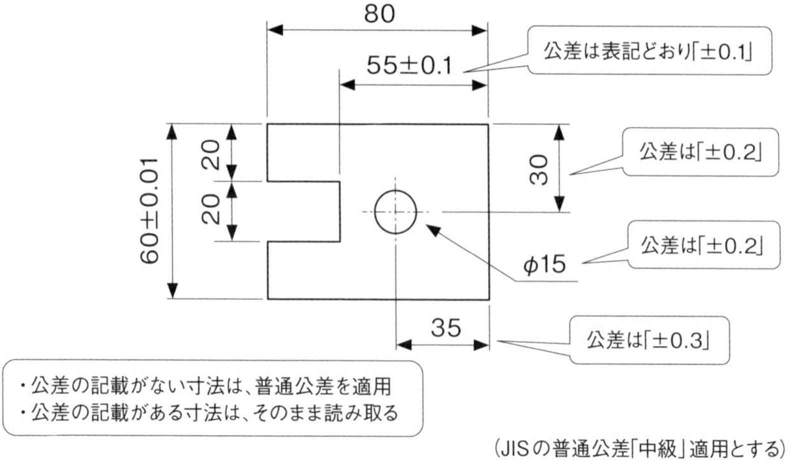

図12.16　普通公差を適用した事例

直列寸法記入法と並列寸法記入法の違い

前項（12.1項）で、並列寸法記入法もしくは累進寸法記入法と、直列寸法記入法とは意味が異なると紹介しました。その理由を、寸法公差を使って解説します。普通公差はJISの中級を適用するとします。

まず直列寸法記入法において、**図12.17のa図**のL寸法を見ると、25と35を足して60mmです。公差に注目すると狙い値25の普通公差は±0.2mm、35の普通公差は±0.3mmなので、両方を足すと「60±0.5」になります。

次に並列寸法記入法では、**同b図**のL寸法の狙い値は60と示されています。普通公差は±0.3なので「60±0.3」となり、直列寸法記入法の「60±0.5」よりL寸法のばらつきは小さくなります。

このように同じ寸法数値でありながら、直列寸法記入法と並列寸法記入法では、各部に求められる寸法公差が異なってくるので、図面としての意味がまったく違うことがわかると思います。どの箇所の寸法精度が必要なのかによって、設計者が記入法を選択しています。

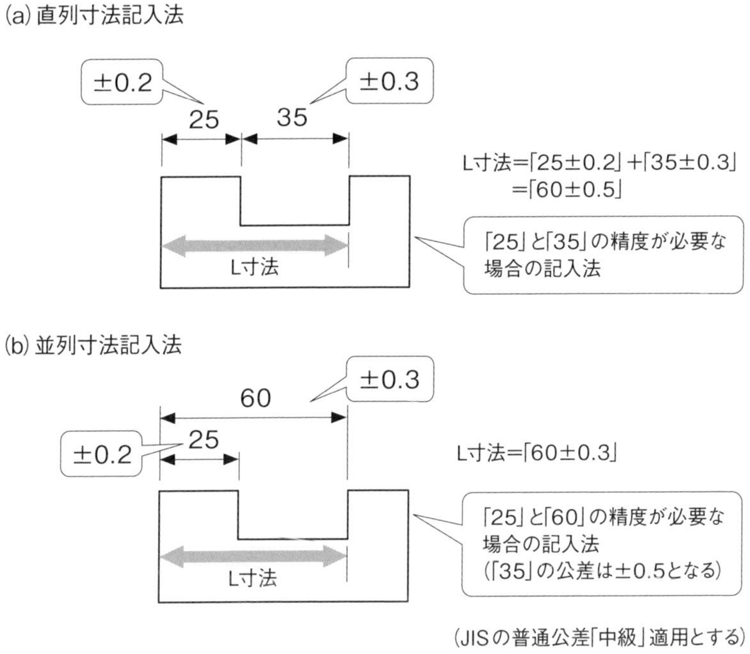

図12.17　寸法記入法による寸法公差の違い

カッコ書きの参考寸法

前述したように必要な箇所に寸法を記入するルールなので、**図12.18**のように、25と35と20の寸法精度が必要な場合には、3つ並べた直列寸法記入法であらわします。その一方、材料手配や材料取りでは外形寸法の情報が必要なので、図には必ず外形寸法が記載されます。この例では、25と35と20の寸法指示に加えて、全長の80mmの指示も必要になります。

ところが普通公差の中級を適用すると、25と35と20を合わせた寸法公差は±0.7mmになりますが、外形寸法の80mmの普通公差は±0.3mmとなり、同じ全長指示でありながら、寸法公差が異なり矛盾が生じます。このときには、外形寸法の80mmをカッコ書きで（80）とすることで、80mmは公差対象外の参考寸法であらわします。

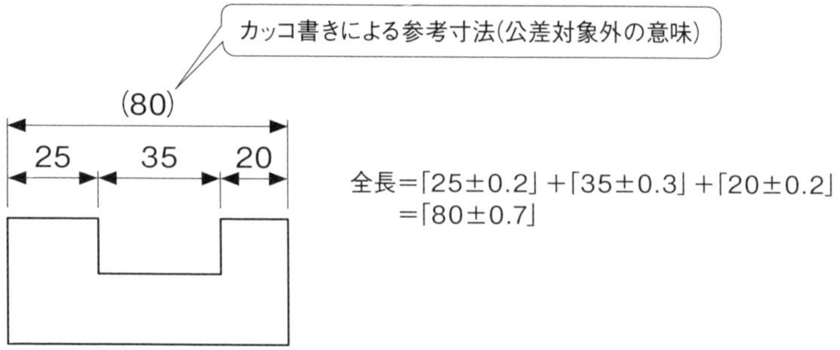

図12.18　公差対象外の参考寸法

図12.18と同じ形状で、必要な寸法が25mm、35mmと全長の80mmの場合に、通常は**図12.19のa図**であらわしますが、設計者が読み手に20mmの寸法情報も伝えたい場合には、**同b図**のように20mmはカッコ書きになります。

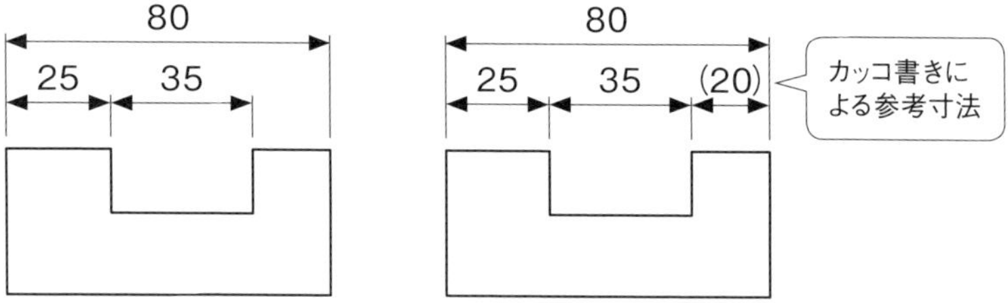

(a)通常の表示方法　　(b)参考寸法を併用

図12.19　公差対象外の参考寸法（その2）

12.3 はめあい公差と幾何公差

すきまばめとしまりばめ

穴に軸を差し込んで使用する場合に、軸径と穴径の組み合わせを「はめあい」と呼び、設計者は「軸をスムーズに動かしたい」「正確な位置決めをしたい」といった意図に基づいて、軸径と穴径のはめあい精度を検討します。

はめあいには、穴径に対して軸径が細い「すきまばめ」と、穴径より軸径が太い「しまりばめ」があります（図12.20）。

すきまばめは文字どおり、軸と穴の間にすきまがある状態です。主に軸を回転させたり、直動（往復直線運動）させたりする場合に用いられます。

一方、しまりばめは、穴径に対して軸径のほうが太いのでプラスチックハンマや木づちを使って打ち込み、差し込んだ状態ですきまはゼロになります。圧力を加えて挿入することから、しまりばめは圧入《あつにゅう》とも呼ばれ、主に軸を固定する際に用います。

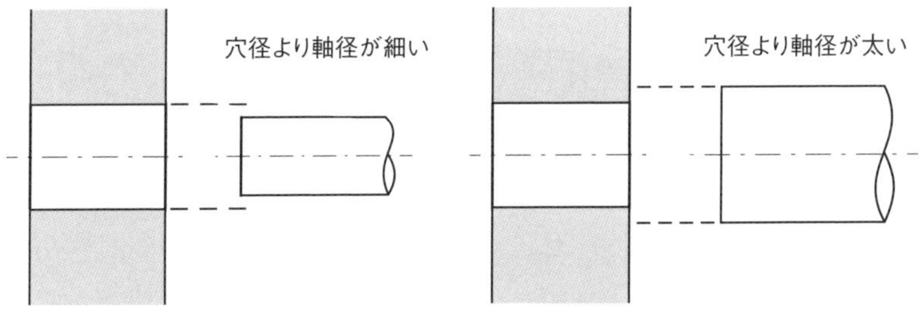

(a) すきまばめ　(b) しまりばめ（圧入）

図12.20　すきまばめとしまりばめ

記号であらわすはめあい公差のメリット

ガタを感じないスムーズなすきまばめや、軸を固定するしまりばめには、穴径と軸径の双方に1μm（千分の1mm）レベルの高い寸法精度が必要になります。しかし設計者がこうした高精度の公差を、設計のたびに検討することは効率的ではありません。

そこでJISにおいて高精度な公差を、穴径と軸径それぞれで記号化（H7やg6など）しており、これを「はめあい記号」と呼びます。穴と軸のはめあい記号の組み合わせを事前に決めておくことで、毎回検討する必要がなくなります。

公差を記号であらわすもうひとつのメリットは、シンプルな記号表記により図面が読みやすくなる点です。軸径と穴径を寸法公差で指示することも可能ですが、μmの精度を寸法公差で表記すると小数点以下3桁数字の羅列になり読みにくくなってしまいます。このように公差の記号化は描き手にも読み手にとっても、一石二鳥の有効な手段になっています。

はめあい記号の一例

はめあい記号は、穴径には「英大文字＋通し番号」、軸径には「英小文字＋通し番号」で表記されます。たとえば直径φ4のすきまばめでは、穴径を「φ4H7」、軸径を「φ4g6」とあらわされます。

はめあい記号が示す公差は、穴や軸の直径（寸法区分）によって変わり、**図12.21**の公差値の単位はμm（マイクロメートル）です。これより穴の「H7」では、直径4mmの場合は「$\phi 4^{+0.012}_{0}$」、直径20mmでは「$\phi 20^{+0.021}_{0}$」となります。同じ直径4mmの場合でも、軸の「g6」は「$\phi 4^{-0.004}_{-0.012}$」ですが、「r6」は「$\phi 4^{+0.023}_{+0.015}$」になります。

はめあい記号には多くの種類がありますが、実務で使われる記号は限られており、よく用いられるはめあい記号は、すきまばめでは先に紹介した穴径「H7」と軸径「g6」の組み合わせ、しまりばめ（圧入）では穴径「H7」と軸径「r6」が代表的な組み合わせです。

寸法区分(mm)		穴径公差(μm)	軸径公差(μm)	
			すきまばめ	しまりばめ
を超え	以下	H7公差	g6公差	r6公差
—	3	+10 0	−2 −8	+16 +10
3	6	+12 0	−4 −12	+23 +15
6	10	+15 0	−5 −14	+28 +19
10	18	+18 0	−6 −17	+34 +23
18	30	+21 0	−7 −20	+41 +28
30	50	+25 0	−9 −25	+50 +34

注）単位はμm(マイクロメートル)、寸法区分50mm超えは省略。

図12.21　はめあい公差の一例

寸法公差とはめあい公差の使い分け

寸法公差とはめあい公差のどちらで指示するかは、公差値の精密さの度合いで分けています。公差値が小数点以下3桁（μm）になる場合ははめあい公差であらわし、小数点以下2桁や1桁のとき（百分の1mmや十分の1mmレベル）は数値を用いた寸法公差であらわすのが一般的です。

なお穴径と軸径のはめあい公差の選定では、先に穴径の公差を選びます。穴加工は主にリーマ（側面が切れ刃になった高精度に穴加工できる工具、第6章の図6.14）を用いるからです。すなわち穴径公差はリーマ径で決まる一方、軸径公差は旋盤の切り込み量で容易に対応できるので、すきまばめもしまりばめも穴径の記号を合わせておき（先の例ではどちらもH7）、軸径公差を用途によって変える（先の例ではg6やr6）のが効果的です。

形や大きさに対する幾何公差

ここまで紹介してきた寸法公差とはめあい公差は、寸法(サイズ)に対する公差でした。次に紹介する幾何公差は、形や姿勢や位置に対する公差になります。幾何公差には**図12.22**のように多くの種類があります。

本項では、この中から「平面度」と「平行度」を紹介します。

幾何公差の種類		公差記号	概 要
形状公差	真直度	⏤	真っすぐな度合い
	平面度	⏥	平らな度合い
	真円度	○	真ん丸の度合い
	円筒度	⌭	真ん丸で真っすぐ
	線の輪郭度	⌒	指示した線どおり
	面の輪郭度	⌓	指示した面どおり
姿勢公差	平行度	//	平行の度合い
	直角度	⊥	直角の度合い
	傾斜度	∠	傾斜の度合い
位置公差	位置度	⌖	正確な位置
	同軸度及び同心度	◎	軸のズレ度合い
	対称度	⌯	対称の度合い
振れ公差	円周振れ	↗	回転時の振れ
	全振れ	⌰	回転時の面の振れ

図12.22　幾何公差の種類

平らな度合いを指示する平面度

平面度は真っすぐで平らな面を指示する幾何公差です。平面の度合いを数値化するために、完全平面のガラス板2枚で対象となる面を平行にはさみ込むと仮定します（実際にははさめませんが）。このときはさみ込んだガラス板のすきま量が平面度になります。

はさみ込んだ面の形状は、凸形でも凹形でも、波打っていても問いません。**図12.23のa図とb図**のようにすきまが0.01mmであれば、平面度は0.01です。すなわち平面度の公差値が小さいほど、完全な平面に近づきます。

この平面度の図面指示は、長方形の枠に記載されます。枠内の左側は幾何公差の記号、右側は公差値をあらわします（**同c図**）。

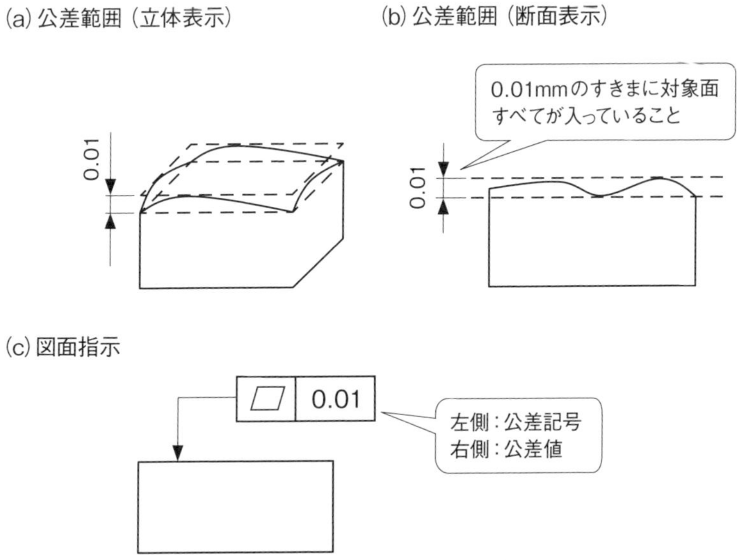

図12.23　平面度の意味と指示

平行の度合いを指示する平行度

先の平面度は1つの面が対象でしたが、平行度は2つの面が対象になります。片方の面を基準（これをデータムという）として、もう片方の面との平行の度合いをあらわすのが平行度です。

ここでは完全平面のガラス板を3枚想定します。まず1枚を基準となる面に当て、この基準面と完全平行となるように残り2枚を動かします。この2枚のガラス板で、もう片方の面をはさみ込んだ際のすきま量が平行度になります。

図12.24は、平行度0.02の事例です。

この平行度も図面には長方形の枠で表記されます。左側は幾何公差の記号、中間は公差値、右側は基準となる面をあらわし、基準となるデータムの面は正方形で囲んだアルファベットの大文字で指示します。

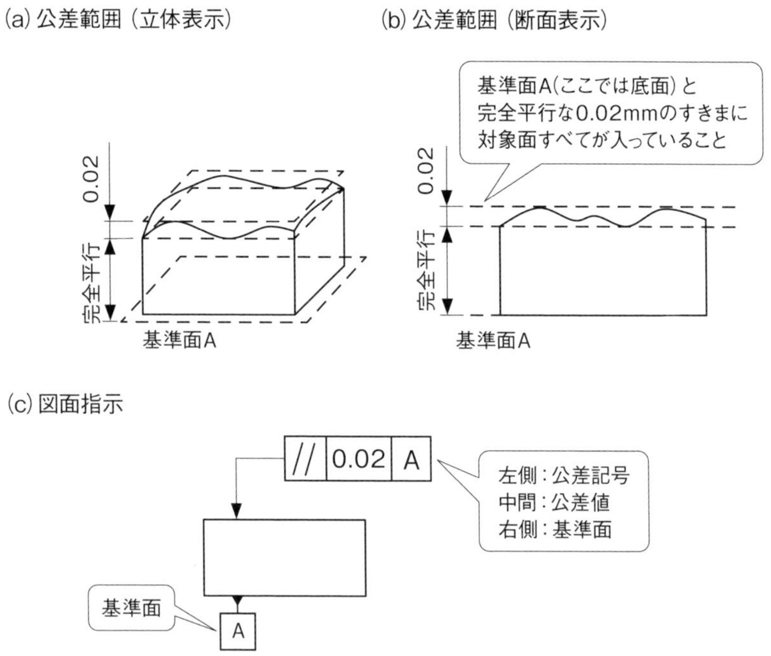

図12.24　平行度の意味と指示

幾何公差の難しさ

ここでは平面度と平行度を紹介しましたが、ほかの幾何公差も対象が異なるものの同じ考え方で形や位置を指定しています。しかしここで疑問を感じる方がいると思います。手元にある角形状の図面を見てみてください。ほとんどの図面には平面度も平行度も記載されていないと思います。本来は平面にはすべてに平面度が、対向する面には平行度が必要なはずです。

記載のない理由は、一般的な加工精度で確保できる場合には、幾何公差は指示しないからです。加工者に注意を喚起する必要がある場合にだけ指示をしています。寸法公差とはめあい公差は、加工の実力や注意喚起の必要性を問わず、直接もしくは普通公差により指示するのと対照的な扱いです。

JISでは幾何公差についても普通公差の規定があるのですが、加工の実力値とのかい離（加工実力よりも公差値がゆるい）があるために、使い勝手がよいとはいえません。

そのため一般的な加工精度や加工限界を知ったうえで幾何公差を指示することになります。これが設計者にとっても幾何公差が難しい理由のひとつになっています。

図面の読み方の基礎知識を習得するうえでは、すべての幾何公差を一度に習得する必要はありません。実務で幾何公差のある図面に出合ったら、その都度に学習するという向き合い方をお奨めします。

12.4 表面粗さと溶接とねじの表記方法

なぜ表面粗さの指示が必要なのか

一見すると平面であっても表面を指でなぞると、ザラザラであったり、なめらかであったりとさまざまです。なめらかでも表面を拡大すれば少なからず凹凸があります。この表面の凹凸の程度を示すのが表面粗さです。JISでは表面性状と表記していますが、本書では一般に使われている表面粗さの名称を用います。

この表面粗さを寸法公差で指示できないのでしょうか。たとえば50mm±0.1mmで加工したところ、表面の凹凸が大きかったからといって、公差を±0.05mmに厳しくしても、表面粗さの改善にはつながりません。

ノギスやマイクロメータでの測定をイメージするとわかりやすいと思います。測定工具が接触するのは対象物表面の凸部となるため、凹の度合いをコントロールすることはできません。実際には寸法精度と表面粗さに相関関係はある（寸法精度が厳しくなるほど表面もなめらかになる）のですが、表面粗さが保証されるわけではありません。こうした理由から表面粗さは、寸法公差とは分けて個別に指示する必要があるのです。

3世代のJIS記号が混在

JISは不定期に改正されます。表面粗さの図示方法（JIS記号）もこれまで大きな変更が2回ありました。加工現場には過去に描かれた旧JIS図面も流れてくるので、3世代のJIS記号が混在している状態です（**図12.25**）。

2世代前の旧々JIS記号は工具をシンボル化した▽であらわし、▽の数が多くなるほどなめらかな面を意味します。しかし数値化されていないので、設計者も加工者も経験則による記入や読み取りになってしまいます。

その後の技術の進歩により、表面粗さの程度を数値化できるようになりました。この数値を表記したのが旧JIS記号と現JIS記号になります。旧JIS記号から現JIS記号の改正では、数値の表示位置や表示方法に変更がありました。参考に3世代のJIS記号を**図12.26**にまとめました。

では次に、表面粗さの数値の読み方を紹介します。

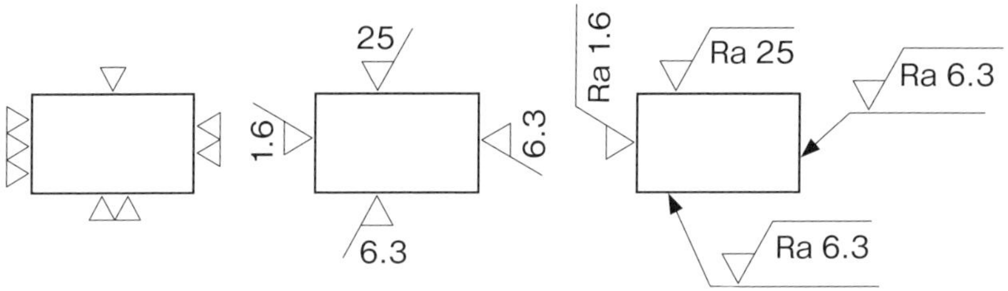

JIS B 0031:1982　(a) 旧々JIS記号
JIS B 0031:1994　(b) 旧JIS記号
JIS B 0031:2003　(c) 現JIS記号

図12.25　表面粗さの図示方法

程度	旧々JIS記号 JIS B 0031:1982	旧JIS記号 JIS B 0031:1994	現JIS記号 JIS B 0031:2003	参考
精密仕上げ	▽▽▽▽	0.2	Ra 0.2	なめらか（コスト高）
上仕上げ	▽▽▽	1.6	Ra 1.6	↕
並仕上げ	▽▽	6.3	Ra 6.3	↕
荒仕上げ	▽	25	Ra 25	ざらざら（コスト安）
除去加工しない指示	～			購入した材料の素地そのまま使用

図12.26　表面粗さのJIS記号

算術平均粗さと最大高さ粗さ

旧JIS記号と現JIS記号における表面粗さの数値（パラメータ）は凹凸の大きさをあらわしており、単位はμmです。たとえば表面粗さの「1.6」は、凹凸の差が1.6μmであることを意味します。すなわち数値が小さければ小さいほど、なめらかな表面になります。

この凹凸の大きさを数値化するには、主に「算術平均粗さ（Ra）」と「最大高さ粗さ（Rz）」が使われています。

前者の算術平均粗さRaは名称に平均とあるように、対象の面を測定した際の凹凸の平均値を意味します。一部に指示された数値を超えた凹凸があっても、対象面の平均値が指示された数値以内であれば合格になります。

一方、指示された数値を1カ所でも超えると不合格になるのが、後者の最大高さ粗さRzです。そのため同じ数値ならば、算術平均粗さRaより最大高さ粗さRzのほうが各段に厳しい条件になり、加工のコストも上昇します。そのため一般には算術平均粗さが多く採用されています。

このように表面粗さを数値化する方法はひとつではないので、現JIS記号では数値の左に「Ra」や「Rz」の記号を配置します。一方、旧JIS記号では算術平均粗さが標準なので、算術平均粗さでは記号は不要で、数値のみの記入になっています。最大高さ粗さを指定する場合には記号「Ry」（旧JISはRzではないことに注意）と数値を記載していました（たとえば「Ry 1.6」）。

素地の記号と指示の簡略法

ここまで紹介した表面粗さは、加工したあとの表面が対象になりますが「除去加工しない」すなわち購入したままの素地を意味するのが、図12.26の最下段と**図12.27**の記号になります。設計者が材料の市販寸法（幅寸法と厚み寸法）に合わせて設計するのは、材料の素地をそのまま使うことにより加工を不要とし、加工のコストと時間の削減を図るためです（第5章5.2項参照）。

また表面粗さをすべての面に個々に指示すると、煩雑で読みにくい図面になってしまいます。そこで標準となる表面粗さを、主に図面の上部に表示して、標準以外の表面粗さのみを図面の内に個別に指示する簡略法が採用されています。このとき個別に指示した表面粗さ記号を、標準の表面粗さ記号の右横にカッコ書きで記入し、参考情報として表示しています（**図12.28**）。

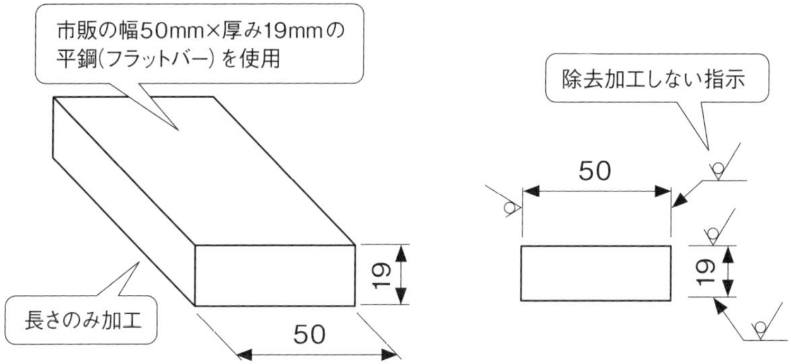

(a) 除去加工しない事例　　(b) 図面指示

図12.27　除去加工しない指示

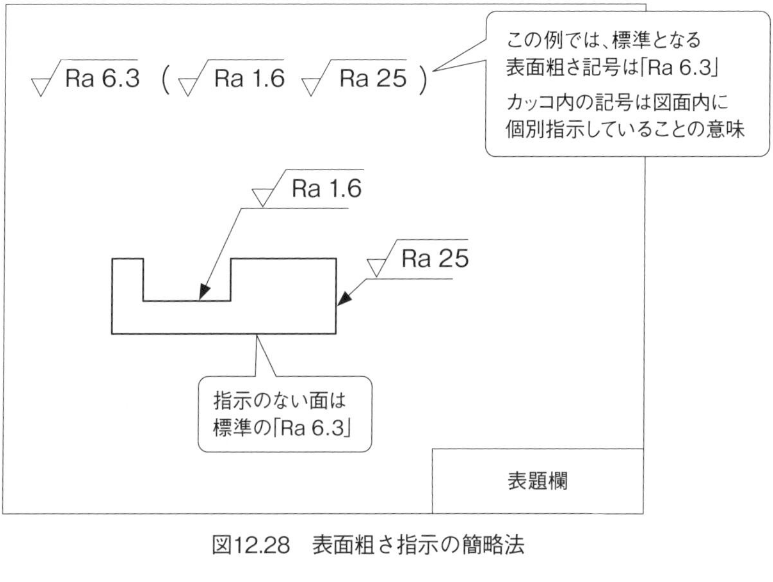

図12.28　表面粗さ指示の簡略法

低コストで金属を接合できる「溶接」

ここからは溶接記号について説明します。金属を接合する加工法の中で、接合の信頼性がもっとも高いのが溶接です。材料同士を金属結合により一体化するためです。複雑な形状をつくる場合やコストダウンを狙う場合に使います(第7章7.5項参照)。

ただし溶接が必ずコストダウンになるわけではありません。溶接では熱が加わるために、どうしても熱ひずみが生じてしまいます。そのため寸法精度が必要な部品では溶接したあとに、フライス盤などによりひずみを切削除去する必要があるからです。そのため外形寸法が小さい場合は、ひとつの部材から削り出す方がコストは安く、外形寸法が大きくなれば、溶接によるコストダウン効果が期待できます。

すみ肉溶接

ここでは実務でよく使われる「すみ肉溶接」と「スポット溶接」のJIS記号を紹介します。どちらも溶接箇所を矢で指し示し、矢に連なる基線の上にJIS記号を配置します。

線状に接合するすみ肉溶接のJIS記号は、板の片側だけを溶接するか、両側を溶接するかで異なります(**図12.29**)。T字形に板を突き当てて溶接する場合などでは、片側だけを溶接すると熱ひずみで傾きがちになるため、特に制約がなければ両側を溶接するのが一般的です。

JIS記号に加えて、溶接する箇所を三角形に黒く塗りつぶす指示もよく使われます。これは溶接棒により形成されるすみ肉の断面のイメージで、溶接部をわかりやすくするのが狙いです。

通常は溶接部の寸法は加工者に一任しますが、溶接寸法を指示する必要がある場合には、溶接記号の左に溶接の寸法数値(単位はmm)が入ります(**図12.30のa図**)。また全周に溶接をおこなう場合には、溶接記号に全周をあらわす丸○が記されます(**同b図**)。

(a) 片側の溶接

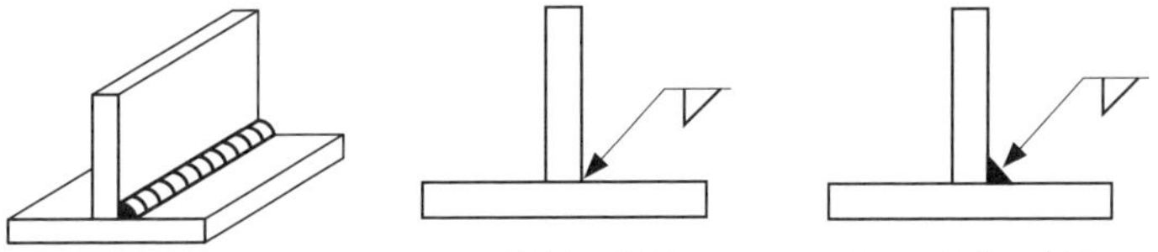

JIS記号の表示　　わかりやすい表示

(b) 両側の溶接

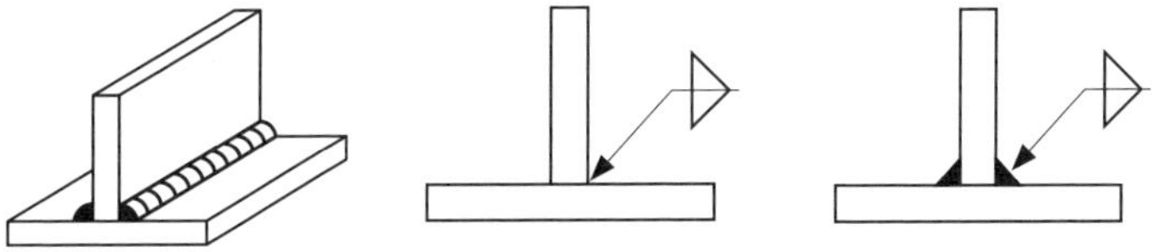

JIS記号の表示　　わかりやすい表示

図12.29　すみ肉溶接のJIS記号

(a) 溶接寸法の指示（片側溶接の場合）

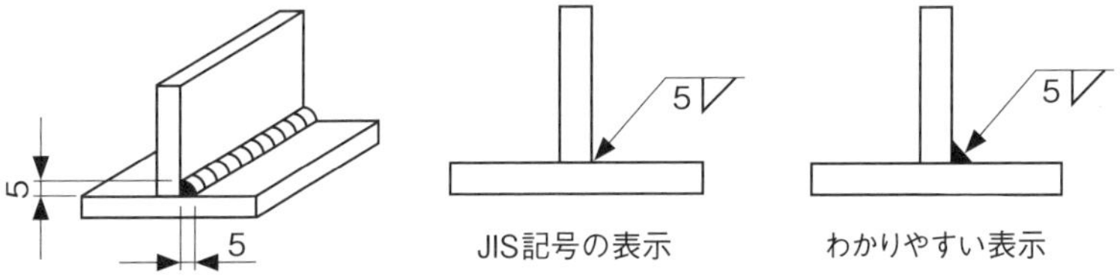

JIS記号の表示　　わかりやすい表示

(b) 溶接の全周指示

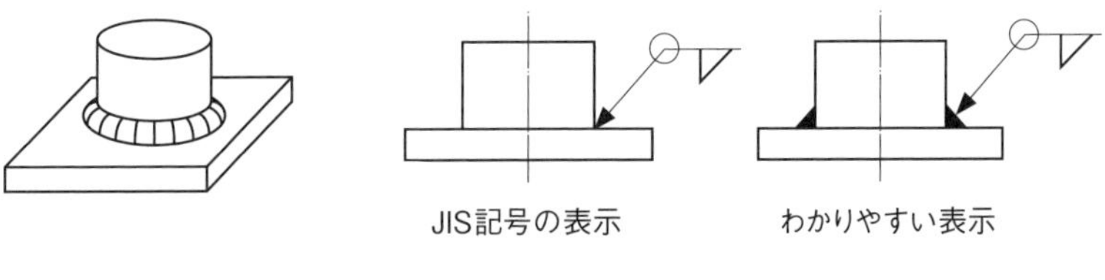

JIS記号の表示　　わかりやすい表示

図12.30　すみ肉溶接の寸法指示と全周指示

スポット溶接

電気を流した際の電気抵抗による発熱で母材を溶かして、力を加えることで接合する溶接を抵抗溶接といい、溶接箇所が1点の場合をスポット溶接と呼びます。このスポット溶接の記号は、接合位置の中心点に対して指示します。

旧JIS記号は「＊」でしたが、現JIS記号では「○」で示します。○記号の右下のカッコ内の数字は、溶接箇所の数をあらわします（**図12.31**）。

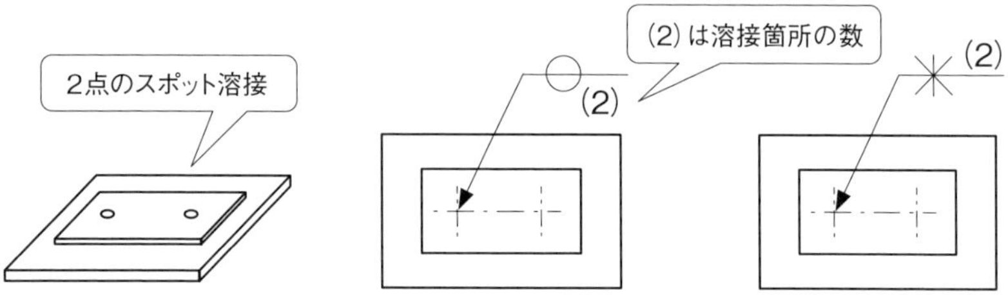

(a) 溶接の形状例　　(b) 現JIS記号　　(c) 旧JIS記号

図12.31　スポット溶接のJIS記号

ねじの図示方法

本章の最後に、ねじの図示方法を紹介します。ねじはらせん状に溝を切った形状をしています。見たままを図面にするには手間がかかるので、簡略して描かれます。ねじにはいくつかの種類がありますが、ここでは部品の固定に一般的に用いられる「一般用メートルねじ」で説明します。

おねじは、らせんの山の外径がねじ径（M4など）になり実線であらわし、谷の径は細線であらわします。ねじとして機能するねじ部長さと、ねじとしては機能しない不完全ねじ部との境界は実線で表示されます（**図12.32**）。

めねじは、らせん溝の大きいほうの径を谷の径といい、らせん溝の小さいほうの径を内径といいます。谷の径は細線で、内径は実線で表示されます。

めねじが貫通していない場合には、ねじの加工手順がそのまま図面にあらわれます。まずドリルで下穴をあけるので、第6章の6.3項で紹介したように、穴の先端はドリル先端の118°の円すい形状（図面では120°）になり、加えてねじの谷の径と内径が示されます。またおねじと同じように、ねじとして機能する境界となるねじ部長さは実線になります**（図12.33）**。

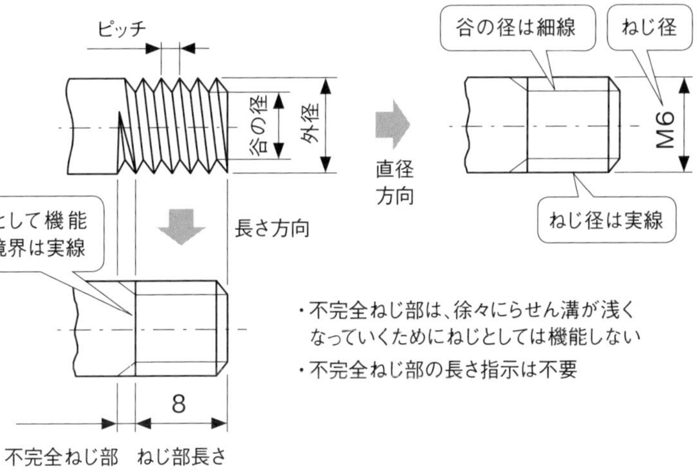

図12.32　おねじの図示方法

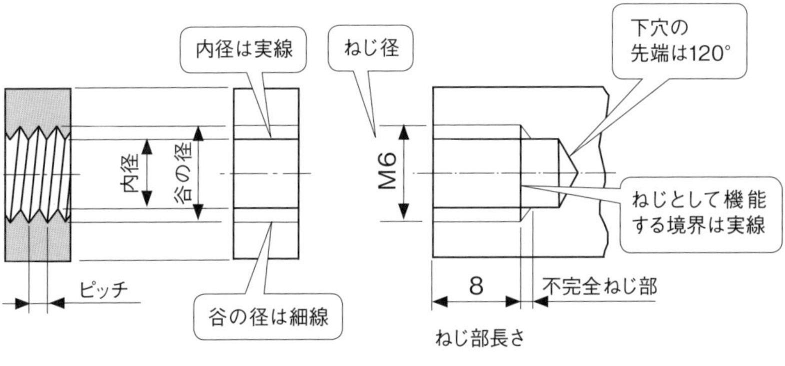

(a)貫通の場合　　(b)貫通しない場合

図12.33　めねじの図示方法

ねじのピッチと表記方法

ねじのピッチとは、らせんの山と山との間隔、もしくは谷と谷との間隔のことを指します(図12.32と図12.33)。このピッチ寸法は、ねじ径ごとに決まっており、2種類のピッチがあります。長いほうのピッチを並目、短いほうのピッチを細目といいます。通常は並目ピッチを用いますが、設計上で必要なときには細目ピッチを用います。このピッチ寸法は、ねじを1回転させたときに進む量と理解しておくと便利です。

図面では、並目ピッチのときはねじ径だけが示され、細目ピッチではねじ径の後ろにピッチ寸法が表示されます(**図12.34と図12.35**)。

種 類	表記方法	表記の例
並目ピッチ	M(ねじ径)	M6
細目ピッチ	M(ねじ径)×(ピッチ)	M6×0.75

図12.34　ねじ寸法の表記方法

ねじ径	ピッチ		おねじ「外径」 めねじ「谷の径」	おねじ「谷の径」 めねじ「内径」	
	並 目	細 目		並 目	細 目
M3	0.5	0.35	3.000	2.459	2.621
M4	0.7	0.5	4.000	3.242	3.459
M5	0.8	0.5	5.000	4.134	4.459
M6	1	0.75	6.000	4.917	5.188
M8	1.25	1/0.75	7.000	6.647	6.917*
M10	1.5	1.25/1/0.75	8.000	8.376	8.917*

*単位mm、M10以降は省略。M8とM10の細目寸法は「ピッチ1」のとき。

図12.35　主なねじ寸法

今後のステップアップに向けて

■ モノづくりの固有技術と管理技術

本書ではモノづくりの基礎知識として「材料知識」「加工知識」「図面知識」の3分野を紹介してきました。本書を読まれた感想はいかがでしょうか。これらの基礎知識は純粋にモノをつくるために必要なスキルで「固有技術」と呼んでいます。

これに対して、モノをつくれたとしても、不良が多発しては困りますし、つくるのに時間がかかってお客様の希望納期に間に合わなければビジネスとして成り立ちません。そうならないために「モノを効率よくつくるスキル」も必要となります。このスキルを「管理技術」といいます。

すなわち固有技術がなければ、モノがつくれないし、管理技術がなければ利益を得ることができないわけです。管理技術は「品質管理」「原価管理」「生産管理」の3つの分野に分かれます（**図13.1**）。

■ 3つの管理技術の習得

本書で固有技術の基礎知識を得たみなさんは、次はこの管理技術の基礎知識の習得を目指してください。双方合わせて6つの分野をつかめば、視野が広がりモノづくり全体を客観的に見られるようになります。

3つの管理技術を簡単に紹介すると、品質管理は図面どおりに過不足なくつくる技術で、良品と不良品を見分ける検査だけでなく、不良品をつくらない実力のある現場を目指します。

原価管理は、製品ひとつずつの原価を管理し、計画どおりに利益を確保できているかの予実（予算と実績）管理やコストダウンの改善取り組みにつなげます。生産管理は、納期に対してどのタイミングで、どの流れでつくっていくかを決め、また適正な在庫量をコントロールする技術になります。

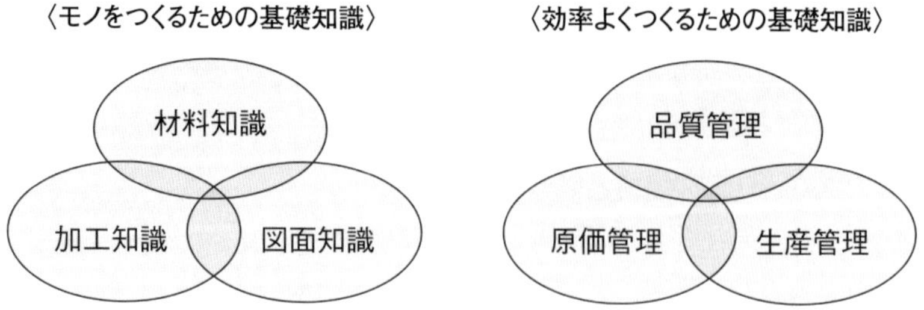

(a)固有技術　(b)管理技術

図13.1　固有技術と管理技術

■ 基礎知識は広く浅く、専門知識は狭く深く

学校であれば、基礎知識を習得した次には、応用知識の習得を目指します。国語・数学・理科・社会・英語の5教科で不得意科目をつくらずに、平均して全体の実力を向上させる方向性です。

しかしビジネスの世界では、どの分野も細分化されたうえに専門性が高いので、すべての分野を網羅することは現実的ではありません。そこで先の6つの基礎知識を習得した次に取り組むのは応用知識ではなく、ご自身が担当する分野の「専門知識を向上させる」ことに集中してください。専門知識を習得することで、担当分野以外の応用知識もゆっくり身についていきます。

「基礎知識は広く浅く」「専門知識は狭く深く」がスキル向上の方向性です。「あなたの専門は何ですか」との問いに自信を持って答えられるようになりたいものです。

■ 専門知識を向上させる

専門知識を向上させる一番効率のよい方法は、実務をこなしながらスキルを上げるOJT（オンザ・ジョブ・トレーニング）です。先輩や上司からアドバイスを受け、自身で試行錯誤を繰り返すことにより、スキルがしっかりと身につきます。このOJTは否応なくおこなわれるので、ここではその他のスキル向上策を紹介します。ぜひ取り組んでみてください。

▶社内研修

社内の熟練者や管理者が講師となっておこなう研修で、必要不可欠の知識や門外不出の情報を効率的に習得できる場です。また成功例だけでなく、失敗例の情報を共有できることも社内研修の大きなメリットです。

▶社外研修

公開研修なので、業界全般の一般知識を習得できるメリットがあります。これまで得た断片的な知識を系統立てて理解し直すのに役立ちます。自社の強みと弱点を知る機会にもなります。

▶展示会や見学会

関連する展示会や見学会には積極的に参加することをお奨めします。特に目玉の展示がなくても、1年に1回参加するようにしていると、業界の方向性を肌で感じられるようになります。

展示会場をぶらっと見るだけでも、日ごろ問題意識を持っていると、関連する展示があれば自然にピンとアンテナが働くので、参考になる情報を効率よく収集できる絶好の機会になります。

▶専門書籍と専門情報誌

専門書籍も分野ごとに多くの良書が出版されています。お奨め本を先輩や上司から推薦してもらってください。自分で選ぶ場合には、期待している内容とレベルに合っているかが大切なので、できるだけ書店で手に取って選びたいものです。

また日経BPや日刊工業新聞社から出版されている月刊の専門情報誌の活用も有効です。他業種の情報からヒントを得ることができます。

おわりに

わたしは社会人になってからの21年間は電子部品の組立装置や測定装置といった生産設備の開発に携わり、その後はモノづくり現場で品質改善や作業改善といった現場改善の支援をしています。開発と現場の双方を経験してつくづく思うことは、モノづくりの苦労とおもしろさです。

顧客の要望にどう応えるのか、開発からモノづくり現場にいたるまで、さまざまな工夫が凝らされています。急な仕様変更や大至急の注文にも、関係部門が連携をとり合って対応しています。いいモノをつくりお客様に満足してもらうために、ときには激論を交わしながらも、知恵を出し合って乗り越えていくおもしろさがあります。

このように製品ができあがるまでには、多くの「ものがたり」があります。このものがたりは工芸品のように一般に公開されることはないのですが、そこでの積み重ねが技術の向上だけでなく、チームワークや社風といった目には見えない財産になっていくことを実感しています。

モノづくりに携わるみなさまも、多くの経験を重ねていってください。これからのさらなるご活躍を願っています。

専門情報誌『日経ものづくり』の連載でお世話になった関係者の方々と、本書の編集で温かくバックアップくださった木崎健太郎氏に、心より厚く御礼申し上げます。

令和四年立夏　西村 仁

索引

●著者紹介

西村 仁（にしむら ひとし）
ジン・コンサルティング代表／生産技術コンサルタント
http://www.jin-consult.com

●略 歴

1962年生まれ 神戸市出身
1985年 立命館大学 理工学部機械工学科卒業
2006年 立命館大学大学院 経営学研究科修士課程修了
株式会社村田製作所の生産技術部門で21年間、電子部品組立装置や測定装置などの新規設備開発を担当し、村田製作所グループ全社への導入設備多数。工程設計、工程改善、社内技能講師にも従事。特許多数保有。
2007年に独立し、製造業およびサービス業での現場改善による生産性向上支援、および技術セミナー講師として教育支援をおこなう。
経済産業省プロジェクトメンバー、中小企業庁評価委員等歴任。

●著 書

『図面の読み方がやさしくわかる本』2010年、日本図書館協会選定図書
『図面の描き方がやさしくわかる本』2011年
『加工材料の知識がやさしくわかる本』2013年
『機械加工の知識がやさしくわかる本』2016年
『機械設計の知識がやさしくわかる本』2019年
　以上、日本能率協会マネジメントセンター（台湾でも翻訳出版）
『基本からよくわかる品質管理と品質改善のしくみ』2015年、日本実業出版社
『はじめての治具設計』2019年、日刊工業新聞社
『はじめての現場改善』2021年、日刊工業新聞社

1冊で学ぶ材料・加工・図面の初歩

2022年5月2日　初版第1刷発行
2023年11月27日　　第2刷発行

著　者　西村 仁
編　集　日経ものづくり
発行者　森重 和春
発　行　株式会社日経BP
発　売　株式会社日経BPマーケティング
〒105-8308 東京都港区虎ノ門4-3-12
装　丁　土井直明（市川事務所）
レイアウト　青木典子、佐藤良雄（K3プラン）
組版(DTP)　K3プラン
印刷・製本　図書印刷

ISBN 978-4-296-11225-8